BAOZHUANG GONGCHENG
CHUANGXIN CHUANGYE ZHIDAO JISHU

包装工程创新创业指导技术

⊙ 杨福馨　主编　⊙ 陈晨伟　副主编　⊙ 雷 桥　主审

化学工业出版社

·北京·

该书用近五十个具体实验案例，将包装材料、包装工艺、包装印刷和包装机械与设备所涉及实验项目进行了详细介绍，理论与实践相结合，围绕理论在产业和生产生活中的表现案例，进行创新分析，使学生和相关人员深入了解包装，特别是掌握实验技巧，为达到创新与创业目的奠定基础。

该书可供包装工程专业师生、包装产品设计人员、包装工程技术人员使用，也可用作青少年的包装创新创业培训教材。

图书在版编目（CIP）数据

包装工程创新创业指导技术/杨福馨主编. —北京：化学工业出版社，2019.11

ISBN 978-7-122-35204-0

Ⅰ.①包… Ⅱ.①杨… Ⅲ.①包装技术 Ⅳ.①TB48

中国版本图书馆 CIP 数据核字（2019）第 203038 号

责任编辑：赵卫娟　　装帧设计：韩　飞

责任校对：宋　玮

出版发行：化学工业出版社（北京市东城区青年湖南街 13 号　邮政编码 100011）

印　　刷：三河市延风印装有限公司

装　　订：三河市宇新装订厂

710mm×1000mm　1/16　印张 11¾　字数 192 千字　2020 年 1 月北京第 1 版第 1 次印刷

购书咨询：010-64518888　　售后服务：010-64518899

网　　址：http://www.cip.com.cn

凡购买本书，如有缺损质量问题，本社销售中心负责调换。

定　　价：58.00 元

参加编写的单位及人员

1. 上海海洋大学　　杨福馨
2. 上海海洋大学　　陈晨伟
3. 北京农学院　　孙运金、徐广谦
4. 湖南工业大学　　刘跃军
5. 杭州电子科技大学　　吴龙奇
6. 昆明理工大学　　何邦贵
7. 武汉轻工大学　　徐卫民
8. 大连工业大学　　黄俊彦
9. 西安理工大学　　郭彦峰
10. 哈尔滨商业大学　　孙智慧
11. 天津科技大学　　李　光
12. 暨南大学　　王志伟
13. 海南大学　　潘永贵
14. 重庆工商大学　　唐全波
15. 江南大学　　卢立新
16. 河南牧业经济学院　　魏庆葆
17. 内蒙古农业大学　　董同力嘎

前言

PREFACE

包装工程是人们综合运用物理学、化学、材料学、美学、色彩等包装学知识，在社会、经济、资源及时间等因素限制范围内，为满足包装的主要功能（保护产品、方便储运、促进销售与产品增值），从产品内包装设计、外包装设计、结构包装设计、缓冲包装设计、运输包装设计、包装工艺设计、包装印刷等方面采取的各种技术活动。

包装工程及从事包装创业与创新必须掌握的关键理论和技术主要有：包装材料，包装工艺，包装机械，包装印刷。为提高包装工程专业师生、技术人员及广大包装爱好者的创新能力与创业前途，特撰写了《包装工程创新创业指导技术》一书供参考。

本书共分4章，第一章包装材料，重点介绍了包装材料的物理指标，以及纸片、瓦楞纸板和塑料薄膜的力学性能测定方法与标准；第二章包装印刷，主要介绍了丝网印刷、印刷（品）色差测定以及喷绘设计与印刷实验，包括如何实现印刷，印刷过程造成色差的原因以及喷绘分辨率的产生原因；第三章包装工艺，主要介绍了工业上常用的集中包装工艺，包括扭结裹包装实验、枕式包装工艺实验、金属罐（二片与三片罐）封口结构工艺实验以及液体灌装实验；第四章包装机械与设备，主要介绍了几种主流包装机的操作方法和原理。

该书内容涉及包装学的方方面面，为了加深对课程的理解，在每一实验开始给出了实验引言故事，引导学生通过生活常见现象了解实验内容，以巩固学习效果。本书在编写过程中广泛吸收了不同方面的专家和教授的观点，以生活为基础，以实践为依据，对重要内容注重应用例证，达到学以致用。

感谢隋越、汪志强、程龙、姜悦、杨菁卉、李绍菁、王金鑫、司婉芳、陈祖国等在本书编写过程中给予的大力支持和帮助。

尽管编者著书态度认真、严谨，以力求反映包装工程的创新创业实验，但是限于我国在包装工程创新创业领域的发展水平有限，加之时间仓促，难免有遗漏和不当之处，恳请广大读者批评指正。

编者

2019 年 7 月

目录

CONTENTS

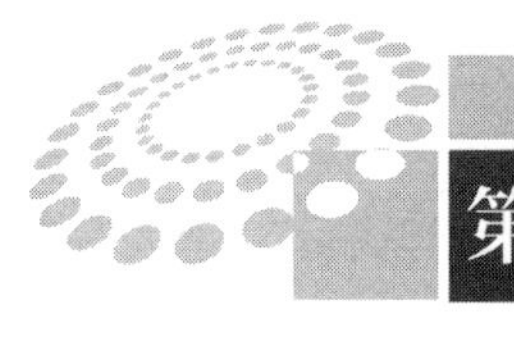

第一章 包装材料

实验一
包装材料的厚度与紧度

纸张的厚度与紧度

厚度表示纸张的厚薄程度。同一品种的纸张，定量比较大的纸厚度也比较大；但也有定量小的纸比定量大的纸厚度大的情况，这是两种纸紧度不同的缘故。紧度是指纸张单位体积的重量，是根据定量和厚度计算而来的。尽管只有纸张在具有一定紧度时，才能产生所需要的抗张强度和耐破度等力学性能，但并不是纸的紧度越大越好。当紧度太大时，纸张不但容易脆裂，而且不透明度将明显下降。

我们现实生活中广泛应用的A4纸（图1-1），不同品牌的规格不同，其厚度就有所差距，其单位体积和单位面积的质量也会不一样，下面就通过实验来具体了解一下包装材料的厚度和紧度。

图1-1　A4纸

一、实验类型

该实验的类型为验证性实验。

二、实验目的与任务

1. 熟悉仪器的原理及使用方法。

2. 掌握包装材料厚度与紧度的测试方法，学习收集试验数据及进行数据处理。

3. 了解和分析试验误差。

三、预习要求

1. 查资料，了解影响包装材料厚度和紧度的因素。

2. 完成预习报告：实验名称、内容与目的，实验原理与仪器结构，实验方案与试样要求，应记录的实验原始数据名称，实验数据处理的方法，可能出现的实验误差分析（见附录 1）。

四、实验基本原理

厚度是包装材料厚薄的度量。厚度能影响包装材料的很多技术性能，要求一批产品各张之间的厚度应趋一致，同一张材料不同部位之间的厚度亦应一致，以保证使用效果。

纸张厚度是指在单位面积压力下，纸或纸板两个表面的垂直距离，以 mm 或 μm 表示。根据纸的厚、薄可采取多层测量或单层测量，然后以单层测量的结果表示纸的厚度。

纸张紧度是指单位体积纸和纸板的质量，以 g/cm^3 表示。紧度与纸浆品种、打浆状况以及抄造条件有关。它是衡量纸或纸板组织结构紧密程度的指标，它决定着纸张的透气度、吸收性、刚性和强度等性能。因此，紧度是纸或纸板很重要的性能指标之一。

塑料薄膜厚度是指塑料薄膜在一定压力（0.1～1N）下，上下两表面的垂直距离，以 mm 或 μm 表示。

瓦楞纸板厚度的定义与纸张厚度相同，只是施加的压力为（20±0.51)kPa。

五、实验仪器与材料

实验仪器：纸与纸板厚度测定仪（见图 1-2）、电动纸张厚度测定仪、橡塑台式测厚仪、塑料薄膜厚度测定仪、瓦楞纸板厚度测定仪、可调距切纸刀、边压取样器。

实验材料：箱板纸、瓦楞原纸、瓦楞纸板、塑料薄膜。

图 1-2　纸与纸板厚度测定仪

六、实验内容

1. 学会不同材料厚度测定仪的使用。

2. 测试箱板纸和瓦楞原纸厚度与紧度。

3. 测试瓦楞纸板、塑料薄膜的厚度。

七、实验步骤

1. 纸张厚度实验

(1) 仪器校准：按下拨杆，抬起测量头，再轻轻放下，观察大指针是否对零，如不对零，则略转外表盘，使其对零；反复进行多次，确认大指针对零无误即可。

(2) 实验过程

① 按 GB/T 450—2008 进行纸与纸板的试样采集。

② 按 GB/T 451.3—2002《纸和纸板厚度的测定》要求裁下试样：试样尺寸为 100mm×100mm（测量三个点）或 200mm×250mm（测量五个点)。单张测量时至少取 10 个试样；多张测量时以 10 张纸为一叠，至少取 4 叠。

③ 按 GB/T 10739—2002 进行纸与纸板的温湿度处理。

④ 按下拨杆，抬起测量头，将试样放入测量头与量砧之间，试样必须全部覆盖测量面。

⑤ 放下测量头，读数，记录结果（必须在 2～5s 内读数）。

⑥ 重复上述动作，在同一试样上至少取三个（或五个）不同点进行测量，取其算术平均值。

⑦ 数据处理（精确至 0.01mm）。

厚度取读数的平均值。

紧度
$$D=\frac{G}{\delta}$$

式中 D ——纸的紧度，g/cm^3 或 kg/m^3；

G ——纸的定量，g/m^2；

δ ——纸的厚度，mm。

2. 瓦楞纸板厚度实验

(1) 仪器校准：按下拨杆，抬起测量头，再轻轻放下，观察大指针是否对零，如不对零，则略转外表盘，使其对零；反复进行多次，确认大指针对零无误即可。

(2) 实验过程

① 按 GB/T 450—2008 进行纸与纸板的试样采集。

② 按 GB/T 6547—1998《瓦楞纸板厚度的测定法》要求裁下试样：试样尺寸为 200mm×250mm（测量五个点），至少取 10 个试样。

③ 按 GB 10739—2002 进行纸与纸板的温湿度处理。

④ 按下拨杆，抬起测量头，将试样放入测量头与量砧之间，试样必须全部覆盖测量面。

⑤ 放下测量头，读数，记录结果（必须在 2～5s 内读数）。

⑥ 重复上述动作，在同一试样上至少取五个不同点进行测量，取其算术平均值。

⑦ 数据处理（精确至 0.01mm）：厚度取计算读数的平均值。

3. 塑料薄膜厚度实验

(1) 仪器校准：按下拨杆，抬起测量头，再轻轻放下，观察大指针是否对零，如不对零，则略转外表盘，使其对零；反复进行多次，确认大指针对零无误即可。

(2) 实验过程

① 按 GB/T 6672—2001 进行塑料薄膜的试样采集：沿样品的纵向，距

离端部大约1mm的位置，横向截取试样。试样宽度约为100mm，试样应无折痕或其他缺陷。

② 试样状态调节：试样在（23±2)℃下，至少放置1h。

③ 按下拨杆，抬起测量头，将试样放入测量头与测量座之间，试样必须全部覆盖测量面。

④ 放下测量头，读数，记录结果（必须在2～5s内读数）。

⑤ 重复上述动作，沿样品横向进行测量。

膜宽大于2000mm时，每200mm测量一点；

膜宽在300～2000mm时，以大约间隔测量10点；

膜宽在100～300mm时，每50mm测量一点；

膜宽小于100mm时，至少取三个不同点进行测量；

对于未裁边的样品，应在离边50mm外进行测量。

⑥ 数据处理：计算读数的平均值，并给出最大值、最小值。

八、思考题

(1) 为什么测量头应轻抬轻放？原因何在？

(2) 纸与纸板厚度的测定和瓦楞纸板厚度的测定有什么区别？为什么？

(3) 为什么每次测试完毕后，都使测量头回到最低点？

九、注意事项

1. 拨杆要轻抬轻放。

2. 取样要注意安全。

实验二

包装材料的定量与密度

阿基米德实验

相传叙拉古赫农王让工匠为他做了一顶纯金的王冠。但是在做好后，国王疑心工匠做的金冠并非全金，但这顶金冠确与当初交给金匠的纯金一样重。工匠到底有没有私吞黄金呢？既想检验真假，又不能破坏王冠，这个问题难倒了大家。经一大臣建议，国王请来阿基米德检验。最初，阿基米德也是冥思苦想，却无计可施。一天，他在家洗澡，当他坐进澡盆里时，看到水往外溢，同时感到身体被轻轻托起。他突然悟到可以用测定固体在水中排水量的办法，来确定金冠的密度。

密度对包装材料有很重要的意义，它会影响包装材料的很多性能，而且通过降低包装材料的定量会产生很好的经济效益。

阿基米德实验装置见图 1-3。

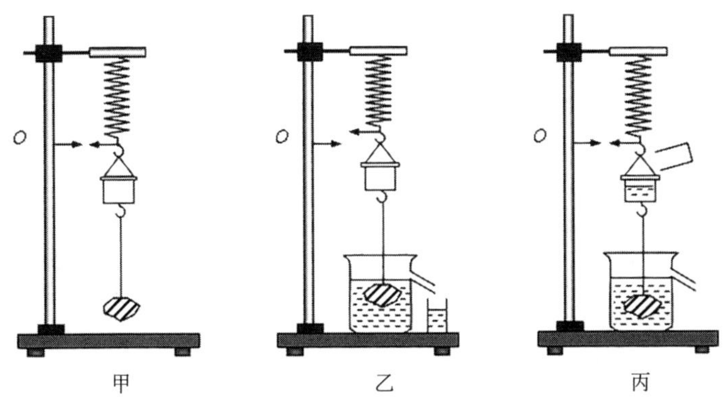

图 1-3 阿基米德实验装置

一、实验类型

该实验的类型为验证性实验。

二、实验的目的与任务

1. 熟悉仪器的原理及使用方法。

2. 掌握包装材料定量与密度的测试方法，学习收集实验数据及进行数据处理。

3. 了解和分析试验误差。

三、预习要求

1. 查资料，了解影响包装材料定量和密度的因素。

2. 完成预习报告：实验名称、内容与目的，实验原理与仪器结构，实验方案与试样要求，应记录的实验原始数据，实验数据处理的方法，可能出现的实验误差分析（见附录 1）。

四、实验基本原理

定量是指纸或纸板单位面积的重量，一般以每平方米纸的克数（g/m^2）表示。定量是纸和纸板重要的指标之一，定量的大小会影响纸张的技术性能，但为了节约原料，增加单位使用面积，在保证使用性能的前提下，应尽量降低纸张的定量。

密度是指包装材料单位体积上的重量，主要用在塑料材料上。

五、实验仪器与材料

实验仪器：电子天平（图 1-4）、可调距切纸刀（图 1-5）。

实验材料：箱板纸、瓦楞原纸、塑料薄膜。

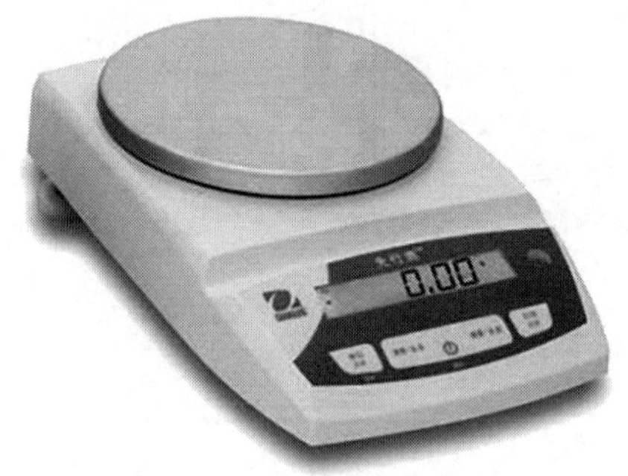

图 1-4　电子天平

图 1-5　可调距切纸刀

六、实验内容

1. 学会电子天平的使用方法。

2. 测定不同纸包装材料的定量。

3. 测定不同类型塑料薄膜的密度。

七、实验步骤

（1）仪器较准：先对天平调水平，使小气泡居中，然后用精确标准砝码进行称量校准。

（2）实验过程

① 按 GB/T 450—2008 进行纸与纸板的试样采集。

② 按 GB/T 451.2—2002《纸和纸板定量的测定》要求裁下试样。

平板纸的取样：沿每张纸幅纵向折叠成 1 层、5 层或 10 层，然后沿横向均匀切取试样，尺寸为（100±0.1)mm×(100±0.1)mm，至少 4 叠（面积为 0.01mm^2）。也可切取尺寸为（200±0.5)mm×(250±0.5)mm（面积为 0.05m^2）的试样，至少在 5 张纸幅上共切取 20 叠试样。

盘纸的取样：宽为 100mm 以下的盘纸应按全宽切取 5 条长（300±0.5)mm 的纸条，要求宽度公差为 0.1mm，然后计算面积。

③ 按 GB/T 10739—2007 进行纸与纸板的温湿度处理。

④ 打开天平电源，预热 10min，当天平显示数值稳定后即可开始称量。

⑤ 放入试样叠，天平显示数值稳定后读数，记录结果。

⑥ 重复上述动作，取其算术平均值。

⑦ 数据处理：

$$G=\frac{m}{A}=\frac{m}{a\times n}$$

式中　G ——纸张的定量，g/m^2；

m ——试样叠的质量，g；

A ——试样叠的面积，m^2；

a ——每一张试样的面积，m^2；

n ——每一叠试样的层数。

八、思考题

（1）测试纸张定量应注意哪些问题?

（2）测试塑料薄膜密度应注意哪些问题?

实验三

包装材料的纵横向与正反面

撕纸实验

将准备好的A4纸先横向撕开，再纵向撕开，在撕纸的过程中发现：当纵向撕纸时，比较好撕，撕出长条直纸带；当横向撕纸时，比较难撕，撕开的纸条边缘弯弯曲曲的，一点也不直。

我们平时穿的衣服布料都有正反面，正反面的粗糙程度不一样，颜色也不一样，正面的颜色更鲜艳，主要是为了美观。纸与纸板也有正反面，正面和反面具有不同的作用。

撕纸实验见图1-6。

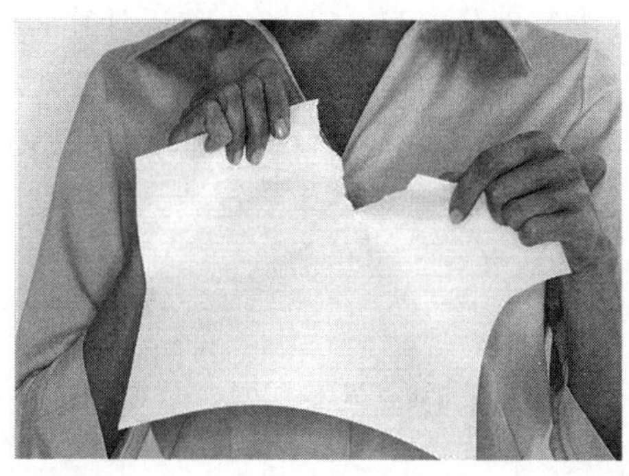

图1-6　撕纸实验

一、实验类型

该实验的类型为验证性实验。

二、实验目的与任务

1. 学会区分包装材料的纵横方向。

2. 学会区分包装材料的正反面。

三、预习要求

1. 查资料，了解纤维方向形成的原因以及包装材料正反面有什么不同。

2. 完成预习报告：实验名称，内容与目的，实验原理与仪器结构，实验方案与试样要求，应记录的实验原始数据名称，实验数据处理的方法，可能出现的实验误差分析（见附录1）。

四、实验基本原理

常用的包装材料（如纸张、塑料薄膜等）的成型都有一定的方向性，与成型机方向平行的被称为纵向，与成型机方向垂直的被称为横向。

纸与纸板紧贴造纸机铜网的一面为反面，另一面为正面。

五、实验仪器与材料

实验材料：箱板纸、瓦楞原纸、塑料薄膜。

六、实验内容

1. 学会分辨纤维的方向。

2. 学会区分纸与纸板的纵横方向。

3. 学会区分纸与纸板的正反两面。

七、实验步骤

1. 纸与纸板的纵横向

① 卷曲法：切出50mm×50mm的试样，放在水平面上，与纸张卷曲轴平行的方向为纵向。

② 条纹法：将纸条拿起，对着强光从纸的另一面观察，纵向条纹和纤维均匀分布，横向没有条纹。

③ 撕裂法：用手撕试样，比较平直的撕开方向为纵向，而撕偏斜度过大的则为横向。

④ 抗张强度法：按照纸与纸板纵横向抗张强度的区别而辨认纸与纸板的纵横向，一般情况下纵向抗张强度大于横向抗张强度。

2. 纸与纸板的正反面

① 直观法：仔细观察纸的两面，有网纹一面为反面，另一面则为正面。

② 湿润法：将纸放在水中，由于纸的正反面收缩率不同，当纸向上卷曲时，卷曲内的面为正面。

③ 卷曲法：将纸放在烘箱中干燥，当纸向上卷曲时，卷曲内的面为正面。

④ 平滑度法：对纸进行平滑度的测定，一般正面的平滑度大于反面的。

八、思考题

(1) 纸张的纵横不同对纸张性能有何影响？

(2) 包装材料产生正反两面光学性能和表面性能不同的原因是什么？

九、注意事项

反复耐心观察，用手多摸和用眼多观察。

实验四

包装材料的硬度

硬度与包装保护性

对于包装材料来说，硬度是一项重要的性能指标，对于保护包装内部的物品具有重要意义。网购化妆品的纸箱外包装盒一般比外卖纸质的包装盒硬度大，因为快递运送过程中外界的机械损伤等会增加磨损包装内部物品的概率，而外卖的纸质包装盒则不需要长时间对包装内部的物品进行保护，由此，根据不同的需要，对于不同的产品商家一般会采用不同硬度的包装材料。图 1-7 是外卖包装盒和快递包装盒对比图。

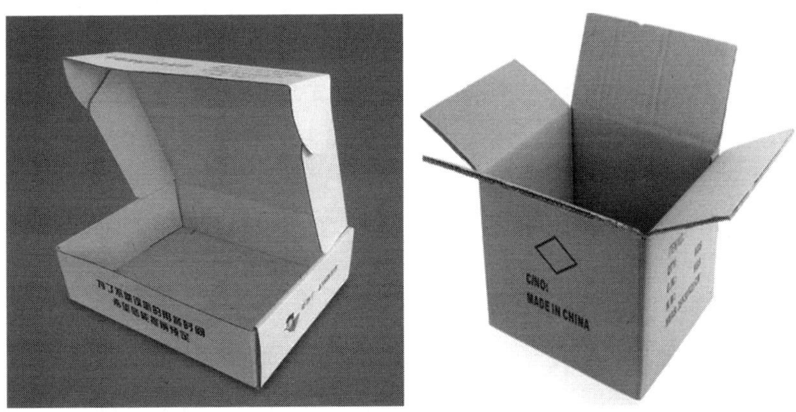

图 1-7 外卖包装盒和快递包装盒对比图

一、实验类型

该实验的类型为验证性实验。

二、实验的目的与任务

1. 熟悉仪器的原理及使用方法。

2. 掌握包装材料硬度的测试方法，学习收集实验数据及进行数据处理。

3. 了解和分析试验误差。

三、预习要求

1. 查资料，了解影响包装材料硬度的因素以及不同材料选择硬度计的类型。

2. 完成预习报告：实验名称、内容与目的，实验原理与仪器结构，实验方案与试样要求，应记录的实验原始数据，实验数据处理的方法，可能出现的实验误差分析（见附录 1）。

四、实验基本原理

硬度是指材料表面抵抗比它更硬的物体压入的能力。硬度是材料的重要力学性能指标，一般材料的硬度越高，其耐磨性越好。材料的强度越高，塑性变形抗力越大，硬度值也越高。硬度的测试方法很多，常用来测试塑料硬度的测试方法有邵氏硬度法和洛式硬度法两种。

邵氏硬度法：规定形状的压针在标准的弹簧压力下，并在严格的规定时间内，压入试样的深度即为硬度值，可用来表示该试样材料的硬度等级，直接从硬度计上读取。

洛氏硬度法：采用金刚石或钢球作为压头，分两次对试样加荷，首先施加初试验力，压头压入试样的压痕深度为 h_1，接着施加主试验力，压头在总试验力作用下的深度为 h_2，然后压头在总试验力作用下保持一定时间后卸主试验力，只保留初试验力，最终形成的压痕深度为 h_3，用 h 表示前后两次初试验力作用下的压痕深度差，$h=h_3-h_1$。

五、实验仪器与材料

实验仪器：邵氏硬度计（图 1-8），洛氏硬度计（图 1-9）。

实验材料：PVC、PE、PET 片材。

六、实验内容

1. 学会不同硬度计的使用方法。

2. 测试 PVC、PE、PET 硬度。

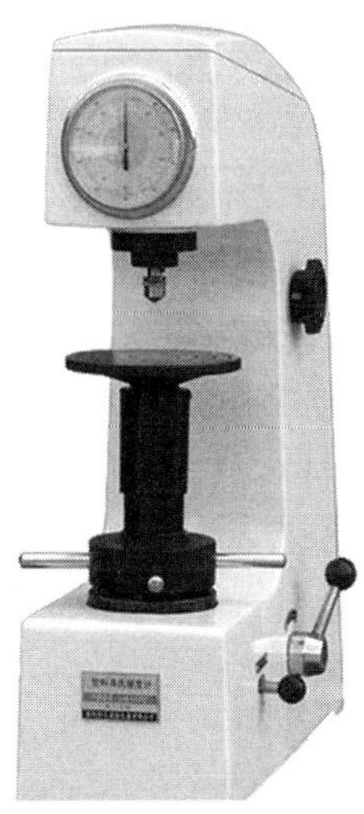

图 1-8　邵氏硬度计

图 1-9　洛氏硬度计

七、实验步骤

1. 邵氏硬度测试法

(1) 截取一定大小的试样。

(2) 将试样放在硬度计平台上。

(3) 按下秒表，同时按下硬度计手柄并按住 15s，记录初始硬度值和 15s 后的硬度值。

2. 洛式硬度试验法

(1) 取试样厚度大于或等于 6mm，直径 50mm 或 50mm×50mm 片材，如果厚度不满足可两层叠加使用。

(2) 选择压头半径 $R=12.7$mm。

(3) 将待测物放在硬度计平台上，先对其初加试验力 98.1N，然后按下洛氏硬度计上的施力按钮，施加主试验力 588.4N，仔细观察指针在施加主试验力后长针通过 B0 的次数和卸除主试验力后长针通过 B0 的次数，两数相减。

(4) 记录方法

① 差数为 0 时，标尺读数加 100 为硬度值。

② 差数为 1 时，标尺读数即为硬度值。

③ 差数为 2 时，标尺读数减 100 为硬度值。

八、思考题

（1）邵氏硬度计与洛氏硬度计有什么区别？

（2）测试材料硬度的过程中需注意什么问题？

九、注意事项

测试过程中注意对测量头的保护，需轻抬轻放。

实验五

纸与纸板的抗张强度和伸长率

纸的“抗争”

对于一张A4纸，撕扯力越大，纸张越容易撕裂，而且横向比纵向更易撕坏。其实在撕扯的过程中，纸张会随着撕扯的方向伸长，伸长率越大，表明其韧性越好，也就越能减轻外力冲击的破坏作用。但是我们日常生活中没有办法也不会去观察此种现象，本实验将会带着我们探秘纸张的抗张强度和伸长率。

A4纸横向撕扯示意图见图1-10。

图1-10 A4纸横向撕扯示意图

一、实验类型

该实验的类型为验证性实验。

二、实验目的与任务

1. 熟悉仪器的原理及使用方法。

2. 掌握纸与纸板抗张强度与伸长率的测试方法，学习收集试验数据及进行数据处理。

3. 了解和分析试验误差。

三、预习要求

1. 查资料，了解纸与纸板的抗张强度与伸长率与哪些因素有关。

2. 完成预习报告：实验名称、内容与目的，实验原理与仪器结构，实验方案与试样要求，应记录的实验原始数据名称，实验数据处理的方法，可能出现的实验误差分析（见附录1）。

四、实验基本原理

纸张的抗张强度是指一定宽度（15mm）的试样所能承受的最大张力，单位为kN/m；纸和纸板的抗张强度受纤维的结合力和纤维本身的强度影响，而纤维的结合力是影响抗张强度的决定因素。

伸长率是指试样受到张力至断裂时所增加的长度对原试样长度的百分率，单位为%。伸长率是衡量纸张韧性的一项指标，其值越大越能减轻外力冲击的破坏作用，对纸袋纸、包装纸等都是重要的性能指标。

五、实验仪器与材料

实验仪器：PC型智能电子拉力试验机（图1-11）、标准切纸刀（图1-12）、可调距切纸刀。

实验材料：箱板纸、瓦楞原纸。

六、实验内容

1. 学会确定试样的纵横方向。

2. 学会PC型智能电子拉力试验机的使用方法。

3. 测定箱板纸、瓦楞原纸的抗张强度与伸长率。

七、实验步骤

(1) 仪器校准：开机后，应先注意仪器是否正常，然后才可开始做实验。

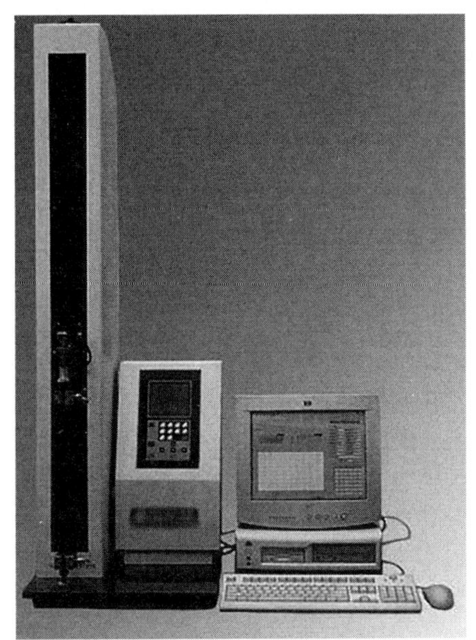

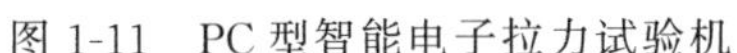

图 1-11 PC 型智能电子拉力试验机

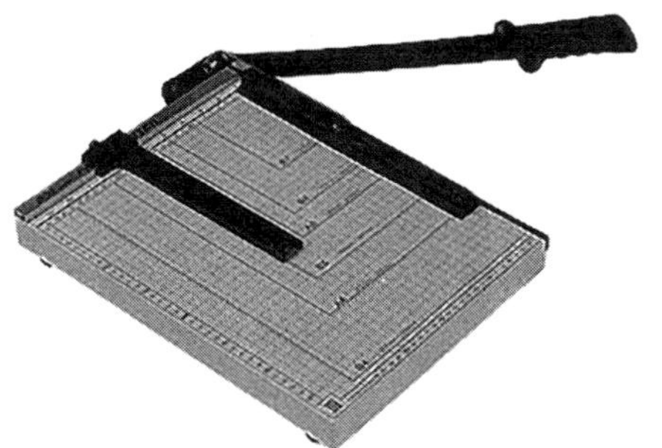

图 1-12 标准切纸刀

(2) 实验步骤

a. 按 GB/T 450—2008 进行纸与纸板的试样采集。

b. 按 GB/T 22898—2008《纸和纸板 抗张强度的测定 恒速拉伸法(100mm/min)》要求制备试样：在距边缘 15mm 以内一次性切取纵、横向试样，试样宽度为 15mm、25mm 或 50mm，允许偏差为±0.1mm。

c. 按 GB/T 10739—2002 进行纸与纸板的温湿度处理。

d. 打开电源，出现提示屏：按下“试验”键，进入主屏幕。

e. 按数字键 1 选择所要进行的实验名称——抗拉强度与伸长率。

f. 按数字键 1 选择“参数设置”项，按“试验”键进入，按“上下移动”键，根据所要修改的参数分别在选项前加“※”号并修改数据。

g. 按“向上移动”键回参数设置屏幕，按“试验”键进入试验界面。

h. 双击电脑屏幕上的软件图标，进入试验界面。

i. 按“下降”“微动”“停止”键，装夹试样，试样应装在夹具的中间且不扭曲。

j. 按“试验”键，进行试验；试验完成后，上夹头自动复位，仪器和电脑屏幕显示试验数据及实验曲线。

k. 按“上移动”键重新打开一个试验界面，按“右移动”键改变试样编号，重复步骤 i.、j.。

l. 在电脑软件试验界面中点击“保存”，将实验结果保存至实验报告。

m. 数据处理

$$T=\frac{F}{b}$$

式中 T——抗张强度，kN/m；

F——拉断力，N；

b——试样宽度，mm。

$$P=\frac{\sigma}{b \times d}$$

式中 σ——抗拉强度，MPa；

b——试样宽度，mm；

d——试样厚度，mm。

$$\varepsilon=\frac{L}{L_0} \times 100\%$$

式中 ε——伸长率，%；

L——试样被拉伸的长度，mm；

L_0——试样未拉伸时的长度，mm。

八、思考题

(1) 影响纸与纸板抗张强度的因素有哪些？

(2) 纸和纸板的伸长率与纸和纸板的伸缩率区别在哪里？

九、注意事项

1. 夹样的过程中注意不要把试样损坏。

2. 试样的断裂点应居中为佳，如果断裂点在端头端尾 1cm 以内视为不合格试验。

实验六

纸与纸板的耐折度

耐折度

一根铁丝，在一个地方反复折叠一定的次数之后，铁丝就会断掉。如果换成铝丝，那么折叠的次数就会提高。因为铝丝的柔性更大，它的耐折度也就提高了。

耐折度对纸张来说，也是一项很重要的指标。纸张发脆，耐折度就低，纸张柔软，耐折度就高。在实际生产过程中，控制好影响因素，可以使纸张有更好的耐折度。

折叠示意见图 1-13。

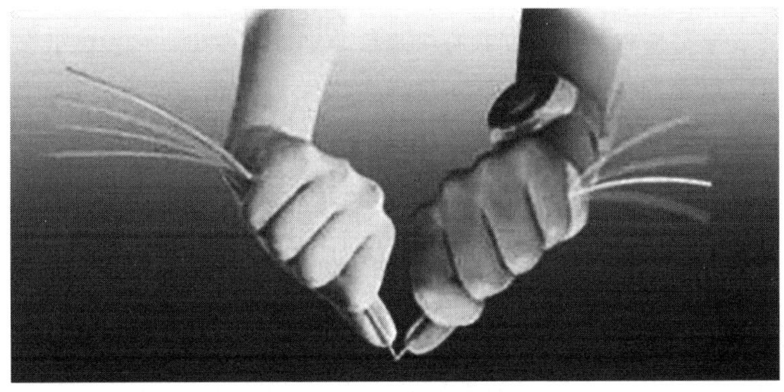

图 1-13 折叠示意

一、实验类型

该实验的类型为验证性实验。

二、实验的目的与任务

1. 熟悉仪器的原理及使用方法。

2. 掌握纸与纸板耐折度的测试方法，学习收集实验数据及进行数据处理。

3. 了解和分析试验误差。

三、预习要求

1. 查资料，了解纸与纸板的耐折度与哪些因素有关。

2. 完成预习报告：实验名称、内容与目的，实验原理与仪器结构，实验方案与试样要求，应记录的实验原始数据，实验数据处理的方法，可能出现的实验误差分析（见附录1）。

四、实验基本原理

纸张耐折度是指试样在一定张力下进行往复折叠至断裂所需的双折叠次数的对数（以10为底）。耐折度受纤维的长度、纤维本身的强度和纤维间结合状况的影响。凡纤维长度长、强度高和结合力大者，其耐折度就高。耐折度也受纸张水分含量的影响，水分含量低，则纸张发脆，耐折度低，适当增加含水量，纸张的柔性提高，耐折度随之增大，但水分含量超过一定限度，耐折度开始下降。另外，耐折度受打浆程度的影响，在一定程度内，耐折度随打浆程度的增加而增加，继续提高打浆度到一定程度，由于纤维的平均长度下降，纤维交织紧密，纸质变脆，则使耐折度下降。因此，在实际生产上控制好影响因素，对保证纸张有较好的耐折度甚为重要。

五、实验仪器与材料

实验仪器：MIT式耐折度测定仪（见图1-14）。常用的耐折度仪有两种，一种为卧式的，称作肖伯尔（Schopper）式，在工作时将试样往复折叠近180°；另一种为直立式的，称作MIT式，在工作时试样往复折叠角度为135°。

实验材料：箱板纸、瓦楞原纸。

六、实验内容

1. 学会确定试样的纵横方向。

2. 学会用MIT式耐折度测定仪。

3. 测定箱板纸、瓦楞原纸纵横方向的耐折度。

图 1-14 MIT 式耐折度测定仪

七、实验步骤

（1）按 GB/T 450—2008 进行纸与纸板的试样采集。

（2）按 GB/T 457—2008《纸与纸板耐折度的测定》要求裁下试样：宽为（15±0.1)mm、长度不小于 140mm；纵、横向至少各 10 条。

（3）按 GB/T 10739—2002 进行纸与纸板的温湿度处理。

（4）打开电源，计数器清零；压下张力杆，张力采用 1kg（9.8N)，旋紧制动螺钉。

（5）将试样夹在夹纸器上，旋开制动螺钉使纸张受张力。

（6）打开计数器并进行清零，开动机器，计数器开始计数，当试样被折断时，计数器自动停止计数，记录折叠次数，关闭机器，计数器清零。

八、思考题

（1）试样的纵横方向对耐折度有何影响？

（2）测试试样耐折度时需注意哪些问题？

九、注意事项

1. 在夹持试样的过程中应注意不要损伤试样。

2. 开始试验不要忘记释放张力。

实验七 纸与纸板的撕裂度

提高基材的撕裂度

我们在平时生活中买的袋装食品，它们的包装袋边缘都会有一个小切口（图 1-15），这些切口主要是为了方便人们打开包装袋。不同材料的包装袋，撕开所用的力度不一样，有的包装特别难撕开。

而纸和纸板的撕裂度与纤维之间的结合力以及纤维长度有关。纤维之间的结合力越大，则撕裂度越大。

图 1-15　带切口包装袋

一、实验类型

该实验的类型为验证性实验。

二、实验目的与任务

1. 熟悉仪器的原理及使用方法。

2. 掌握纸与纸板撕裂度的测试方法，学习收集试验数据及进行数据处理。

3. 了解和分析试验误差。

三、预习要求

1. 查资料，了解影响纸与纸板撕裂度的因素。

2. 完成预习报告：实验名称、内容与目的，实验原理与仪器结构，实验方案与试样要求，应记录的实验原始数据，实验数据处理的方法，可能出现的实验误差分析（见附录 1）。

四、实验基本原理

纸张撕裂度是指撕裂预先切口的纸或纸板至一定长度所需的力。纸张与纸板的撕裂度受纤维之间的结合力和纤维长度两个因素的影响。

五、实验仪器与材料

实验仪器：撕裂度测定仪（见图 1-16），可调距切纸刀、标准切纸刀。

实验材料：箱板纸、瓦楞原纸。

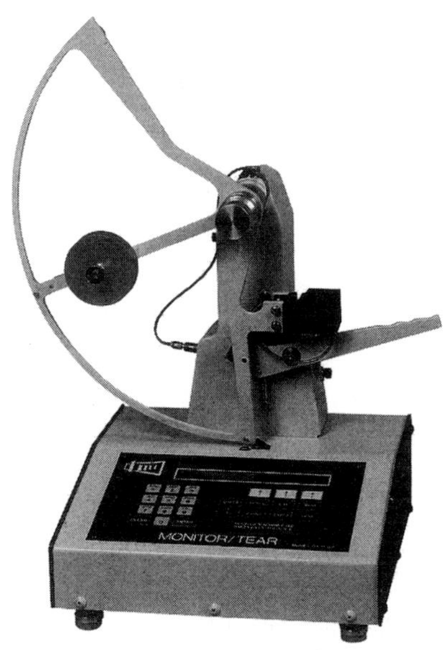

图 1-16 撕裂度测定仪

六、实验内容

1. 学会确定试样的纵横方向。

2. 测试箱纸板和瓦楞原纸撕裂度。

七、实验步骤

1. 仪器校准

① 调节右后调节螺钉，观察水平泡是否停在中间，将仪器调整水平。

② 让扇形摆自由摆动，停摆后，调节左调节螺钉，使摆上中间刻线对准摆限制器的端面。

③ 支起扇形摆，把指针垂直摆放，完全释放，观察指针是否指示零点，调节指针限制器，使指针指示零点。

④ 支起扇形摆，使指针指示零点，释放摆，观察指针是否被打出刻度标尺，调节指针柄的弹簧张力，使指针保持在零线与刻线标尺之间。

2. 实验过程

① 按 GB/T 450—2008 进行纸与纸板的试样采集。

② 按 GB/T 455—2002《纸和纸板撕裂度的测定》要求制备试样：切取试样尺寸为 (63±0.5)mm×(50±2)mm，按纵、横向至少各做 5 次有效试验。

③ 按 GB/T 10739—2002 进行纸和纸板的湿温度处理。

④ 选择量程：纸参考选择 0～1000mN 的量程，纸板参考选择 0～1600mN 的量程，可根据实际试样进行调整。

⑤ 根据试样选择合适的摆或重锤，应使测定读数在满刻度值的 20%～80%范围内。测定层数应为 4 层，如果得不到满意的结果，可适当增加或减少层数，但应在报告中加以说明。

⑥ 按下释放器使摆做一次全程摆动，记下指针读数。

3. 数据处理

撕裂度按以下公式计算：

$$F=\frac{\mathrm{S}\cdot\mathrm{P}}{n}$$

式中 F——撕裂度，mN；

S——试验方向上的平均刻度读数，mN；

P——换算因子，即刻度的设计层数，一般为 16；

n——同时撕裂的试样层数。

撕裂指数按以下公式计算：

$$X=\frac{F}{G}$$

式中　X——撕裂指数，$mN \cdot m^2/g$；

　　F——撕裂度，mN；

　　G——纸张的定量，g/m^2。

八、思考题

（1）如何根据材质选择撕裂度仪的量程挡位？

（2）仪器没有达到水平对撕裂度测定数据有何影响？

（3）撕裂度测定过程中，在调整好指针摩擦力后应否重新调整指针对零？

（4）分析产生仪器误差的因素有哪些？

九、注意事项

1. 每次撕裂应完全释放摆，在摆回摆时才能松开摆限制器。

2. 指针限制器只可打针一次。

3. 支起摆时应尽量使用左手，以免切纸刀伤手。

实验八

纸与纸板的环压强度

结构与方向的影响

我们经常能看到超市摆放的各式各样的礼盒（图 1-17），礼盒摞的像人一样高也不会倒，这种礼盒纸板的环压强度一般都足够大，所以才足以撑起额外的重量。也就是说纸板的环压强度足够大时，它便能支撑足够重的东西。对纸板来说，它的环压强度越大，其支撑强度就越大，那么包装就越结实。

图 1-17　超市摆放的礼盒

一、实验类型

该实验的类型为验证性实验。

二、实验目的与任务

1. 熟悉仪器的原理及使用方法。

2. 掌握纸与纸板环压强度的测试方法，学习收集试验数据及进行数据处理。

3. 了解和分析试验误差。

三、预习要求

1. 查资料，了解影响纸与纸板环压强度的因素。

2. 完成预习报告：实验名称、内容与目的，实验原理与仪器结构，实验方案与试样要求，应记录的实验原始数据，实验数据处理的方法，可能出现的实验误差分析（见附录1）。

四、实验基本原理

环压强度是指在一定速度下，使环形试样平行受压，压力逐渐增加至试样压溃时的压力，单位为kN/m；常用于纸板的测量。

五、实验仪器与材料

实验仪器：电子式压缩试验仪（图1-18）、环压取样器（图1-19）、环压座、可调距切纸刀、标准切纸刀。

实验材料：箱板纸、瓦楞原纸。

图1-18 电子式压缩试验仪

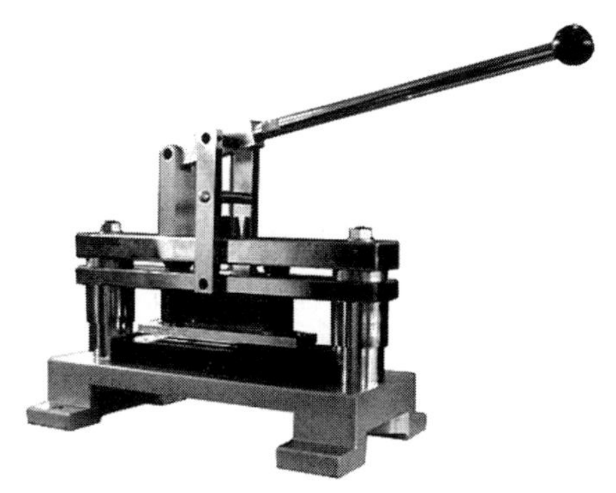

图1-19 环压取样器

六、实验内容

1. 学会根据材料厚度选择合适的环压座；学会确定试样的纵横方向。

2. 学会电子式压缩试验仪的使用方法。

3. 学会测定及计算不同包装材料的环压强度。

七、实验步骤

1. 仪器操作步骤

(1) 仪器校准：测量环压强度时，采用环压取样器取出试样，要求长边的不平行度小于 0.015mm。试样放在环压座内，中心盘应根据试样厚度选用。

(2) 实验步骤

① 按 GB /T 450—2008 进行纸与纸板的试样采集。

② 按 GB/T 2679.8—2016《纸与纸板 环压强度的测定》要求制备试样：从取样器上取下长为 (152±0.2)mm、宽为 (12.7±0.1)mm 的试样，纵、横向各取 10 个。

③ 按 GB/T 10739—2002 进行纸和纸板的湿温度处理。

④ 将试样放入环压座中（注意应按试样的厚度正确选用环压内盘）。

⑤ 调整试验仪零点，开启电机，调整上压板至适当位置，然后按“复位”键，以记录上压板的起始位置并清除以前的实验数据。

⑥ 按“测试”键，使上压板均匀下降压缩试样，至试样被压溃，记录读数，上压板自动回到起始位置。

⑦ 更换试样，重复步骤④、⑥进行试验，直到 10 个试样全部测试完，然后按“打印”键，打印出实验数据。

2. 数据处理

环压强度

$$R_{环}=\frac{F}{L}$$

式中 $R_{环}$——环压强度，kN/m；

F——最大压缩力的平均值，N；

L——试样的长度，mm。

环压指数

$$X=\frac{1000\times\bar{R}_{平}}{G}$$

式中 X——环压指数，N·m/g；

$\overline{R}_{平}$——环压强度平均值，kN/m；

G——试样的定量，g/m²。

八、思考题

（1）环压强度试样的几何尺度有什么要求？取样有什么要求？如何制备环压强度试样？

（2）环压强度实验仪器放入上下压板之间时，其位置应注意什么？

（3）分析影响环压强度的因素有哪些？

九、注意事项

1. 在装夹试样的过程中，注意不要轻拍试样，避免试样受损。

2. 在测试过程要求把环压座放在中心位置。

实验九

纸与纸板的挺度

改进挺度

平时我们都会用到塑料尺子（图 1-20），用两只手可以把它掰弯。有的尺子弹性好，容易掰弯，而有的尺子弹性不好，不容易掰弯。

对纸板来说，挺度是一个很重要的参数，是衡量纸和纸板耐弯曲度的指标。挺度大，产品难以成型；挺度小，产品易于压溃。

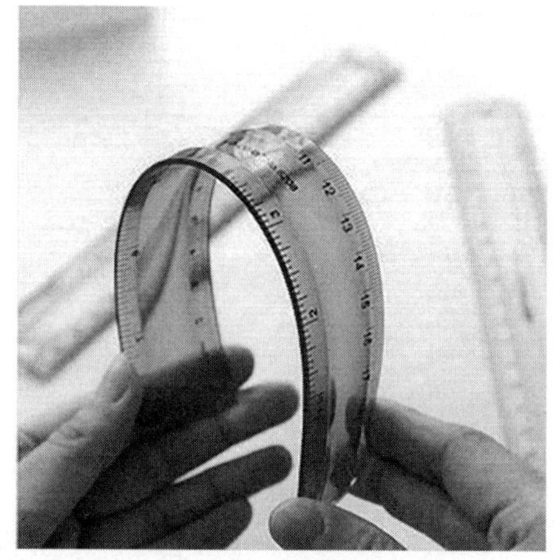

图 1-20　塑料尺子

一、实验类型

该实验的类型为验证性实验。

二、实验目的与任务

1. 熟悉仪器的原理及使用方法。

2. 掌握纸与纸板挺度的测试方法，学习收集试验数据及进行数据处理。

3. 了解和分析试验误差。

三、预习要求

1. 查资料，了解影响纸与纸板挺度的因素有哪些。

2. 完成预习报告：实验名称、内容与目的，实验原理与仪器结构，实验方案与试样要求，应记录的实验原始数据，实验数据处理的方法，可能出现的实验误差分析（见附录1）。

四、实验基本原理

纸张挺度是纸张在一定的条件下弯曲一端夹紧的规定尺寸的试样至15°角时的力矩。

五、实验仪器与材料

实验材料：箱板纸、瓦楞原纸。

六、实验内容

1. 学会确定试样的纵横方向。

2. 学会纸与纸板挺度仪的使用方法。

3. 测试纸和纸板的挺度。

七、实验步骤

1. 仪器操作步骤

（1）仪器校准

同时调节左右调节螺母，使摆上的刻线对准力度盘零线；使夹板器上部的刻线与夹纸器的缝隙在一条直线上。

（2）实验过程

① 按GB/T 450—2008进行纸与纸板的试样采集。

② 按GB/T 2679.3—1996《纸与纸板挺度的测定》要求制备试样：将试样切成长70mm，宽（38±0.2)mm的长方形，纵、横向各取5个试样。

③ 按GB/T 10739—2002进行纸和纸板的湿温度处理。

④ 先选用最大挡进行测试，然后根据测试数据选择合适的量程挡位，

将相应的砝码挂在摆上。

⑤ 将试样纸夹在夹纸器上，使试样对准夹纸器的刻线。

⑥ 打开开关，转动角度盘，当摆的中心线与刻度盘上的15°刻线重合时停机，读出摆的中心线所指的力度盘上的刻度盘；上述操作向左右方向分别进行一次，取两次测试结果的平均值。

2. 数据处理

$$S=nR$$

式中 S——挺度实测值，cN·cm；

n——对应于不同砝码的分度值，cN·cm；

R——力度盘上的刻度值。

八、思考题

（1）在测量挺度过程中要注意哪几个方面才能减少误差？

（2）在测量挺度过程中如何调整仪器零点？调整过程中要注意什么？

（3）分析产生仪器误差的主要原因？

九、注意事项

夹装试样时要求试样在同一条直线上，且避免试样损伤。

实验十

瓦楞纸板的边压强度

承重的方向性

生活中我们常见的纸筒，将其竖放捆在一起可以很轻易地承受一个成年人的体重而不会发生变形坍塌，当这一捆纸筒横着放在地上的时候，它们就难以承受成年人的体重而被压扁（图 1-21）。类似的现象，将 A4 纸以长边的方向弯成一个圆柱体，竖放可以承受一个练习簿甚至一本书的重量，而横放则完全无承重能力。这就是承重的方向性问题，合适的摆放方向能够有很好的支撑能力。

图 1-21　纸筒

本实验学习瓦楞纸板的边压强度，对瓦楞纸板施加垂直于瓦楞方向的力，探究其最大抗压能力。

一、实验类型

该实验的类型为验证性实验。

二、实验目的与任务

1. 熟悉仪器的原理及使用方法。

2. 掌握纸与纸板边压强度的测试方法，学习收集试验数据及进行数据处理。

3. 了解和分析试验误差。

三、预习要求

1. 查资料，了解影响纸与纸板边压强度的因素以及瓦楞纸板的边压强度如何影响瓦楞纸箱的性能。

2. 完成预习报告：实验名称、内容与目的，实验原理与仪器结构，实验方案与试样要求，应记录的实验原始数据，实验数据处理的方法，可能出现的实验误差分析（见附录 1）。

四、实验基本原理

瓦楞纸板边压强度是指对瓦楞纸板垂直于瓦楞方向的最大抗压能力。

五、实验仪器与材料

实验仪器：电子式压缩试验仪（图 1-22）、边压取样器、边压导块。

实验材料：瓦楞纸板。

图 1-22　电子式压缩试验仪

六、实验内容

1. 学会取瓦楞纸板边压强度的试样。

2. 学会使用电子式压缩试验仪。

3. 测定及计算瓦楞纸板的边压强度。

七、实验步骤

1. 仪器操作步骤

（1）仪器校准：选用同纸与纸板环压强度实验相同的仪器校准。

（2）实验步骤

① 按 GB/T 450—2008 进行纸与纸板的试样采集。

② 按 GB/T 6546—1998《瓦楞纸板边压强度的测定》要求裁下试样：切取瓦楞方向为短边的矩形试样，尺寸（25±0.5）mm×（100±0.5）mm，至少切取 10 个试样。

③ 按 GB/T 10739—2002 进行纸和纸板的湿温度处理。

④ 去掉调整定位板，按试样要求切出一个基准端面（注意瓦楞槽纹方向与刀口垂直）。

⑤ 将调整定位板按试样要求固定在底板上，将切好的基准面与之靠实，切下试样。

⑥ 将切好的试样用边压导块夹好对齐，放在电子压缩试验仪的上下压板之间。

⑦ 调整试验仪零点，开启电机，调整上压板至适当位置，然后按“复位”键，以记录上压板的起始位置并清除以前的实验数据。

⑧ 按“测试”键，使上压板均匀下降压缩试样，直至试样被压溃，记录读数，上压板自动回到起始位置。

⑨ 更换试样，重复步骤⑦、⑧进行试验，直到 10 个试样全部测试完，然后按“打印”键，打印出实验数据。

2. 数据处理

垂直边缘抗压强度（边压强度）按以下公式进行计算：

$$R=\frac{F\times 1000}{L}$$

式中 R——边压强度（垂直边缘抗压强度），N/m；

F——最大压力，N；

L——试样长边的尺寸，mm。

八、思考题

（1）边压强度试样应如何制备？有什么要求？为什么？

（2）试验时试样放置应注意什么？

（3）分析边压强度对瓦楞纸板箱的质量有什么影响？

九、注意事项

1. 试样表面不得有压痕和损坏。

2. 边压导块夹试样时不能损坏试样，环压座只起支撑作用并放置在实验台中心位置。

实验十一

瓦楞纸板的黏合强度

黏合强度决定纸箱质量

在包装行业流行一句话：纸板的黏合强度决定纸箱的质量。可想而知，黏合强度对于纸板的重要性。纸箱在运输和贮存方面的质量，主要取决于纸板的物理性能。纸板的物理性能主要包括纸板的黏合强度、耐破强度、戳穿强度以及平压强度，而黏合强度是我们今天实验的主题。

人们应该都有体会过从家中贮藏室里拿出存放了很长时间的纸箱，本打算装点东西，结果纸箱的纸板却分离成几片，甚至有些中间的瓦楞纸板会直接掉出来，这就是我们说的黏合强度的问题，纸板之所以分离成几片，原因就在于纸板的黏合强度降低，或者说纸板的黏合强度本来就不高，这才导致了纸箱的质量问题。

纸板和纸箱见图 1-23。

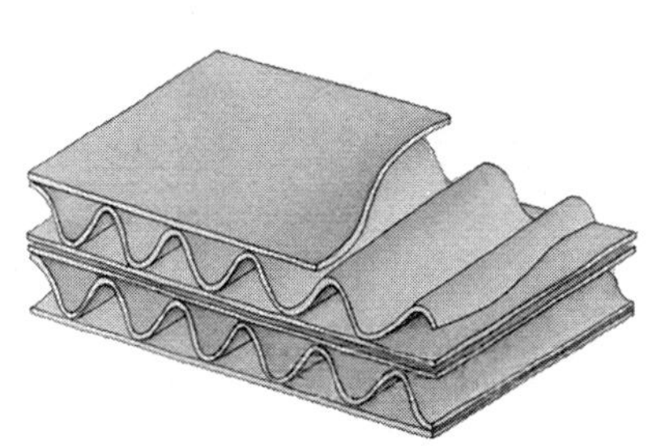

图 1-23　纸板和纸箱

一、实验类型

该实验的类型为验证性实验。

二、实验目的与任务

1. 熟悉仪器的原理及使用方法。

2. 掌握纸与纸板黏合强度的测试方法，学习收集试验数据及进行数据处理。

3. 了解和分析试验误差。

三、预习要求

1. 查资料，了解影响纸与纸板黏合强度的因素。

2. 完成预习报告：实验名称、内容与目的，实验原理与仪器结构，实验方案与试样要求，应记录的实验原始数据，实验数据处理的方法，可能出现的实验误差分析（见附录1）。

四、实验基本原理

瓦楞纸板黏合强度是指将面板与瓦楞芯纸分离所需要的最大力值。

五、实验仪器与材料

实验仪器：电子式压缩试验仪、边压取样器、剥离架（黏合夹具），如图1-24所示。

实验材料：瓦楞纸板。

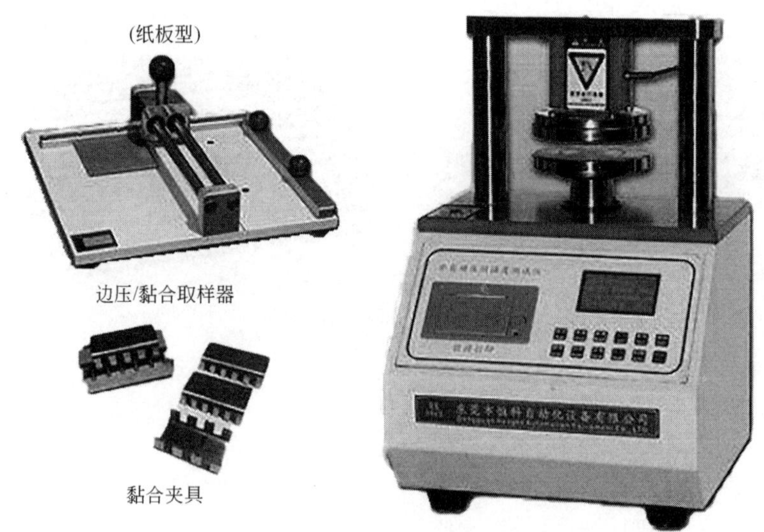

图1-24 自动压缩试验仪（含取样器和黏合夹具）

六、实验内容

1. 学会瓦楞纸板黏合强度试样的裁切。

2. 学会使用电子式压缩试验仪。

3. 测定及计算瓦楞纸板的黏合强度。

七、实验步骤

1. 仪器校准

用测纸与纸板环压强度实验的仪器校准。

2. 实验过程

① 按 GB/T 450—2008 进行纸与纸板的试样采集。

② 按 GB/T 6548—2011《瓦楞纸板黏合强度的测定》要求制备试样：从样品中切取 10 个 25mm×80mm 的试样，瓦楞方向应与短边的方向一致。

③ 按 GB/T 10739—2002 进行纸和纸板的湿温度处理。

④ 去掉调整定位板，按试样要求切出一个基准端面（注意瓦楞槽纹方向与刀口垂直）。

⑤ 将调整定位板按试样要求固定在底板上，将切好的基准面与之靠实，切下试样。

⑥ 将切好的试样用边压导块夹好对齐，放在电子压缩试验仪的上下压板之间。

⑦ 调整试验仪零点，开启电机，调整上压板至适当位置，然后按“复位”键，以记录上压板的起始位置并清除以前的实验数据。

⑧ 按“测试”键，使上压板均匀下降，压缩试样，直至试样被压溃，记录读数，上压板自动回到起始位置。

⑨ 更换试样，重复步骤⑦、⑧进行试验，直到 10 个试样全部测试完，然后按“打印”键，打印出实验数据。

3. 数据处理

黏合强度按照以下公式计算：

$$P=\frac{F}{(n-1)L}$$

式中　P——黏合强度，N/m；

F——各黏合层测试分离力的平均值，N；

n——插入试样的针的根数；

L——试样短边的长度，即 0.025 m。

八、思考题

(1) 剥离强度试样应如何制备？有什么要求？

(2) 分析剥离强度对瓦楞纸板箱的质量有什么影响？

(3) 两种楞型复合的瓦楞纸板如何要求其剥离强度？

九、注意事项

1. 试样表面不得有压痕和损坏。

2. 装夹试样要正确，剥离架摆放要正确，避免铁块与铁块压着。

实验十二
瓦楞纸板的平压强度

纸板包装

网购刚刚兴起的时候，买的大部分东西还都只仅仅限于是衣服等重量比较小的生活用品。近几年，空调、冰箱、洗衣机等大件成了大家网购的新喜好，但是寄送这些大物件时用的纸箱质量一定要过关，纸板的承重能力一定要强，不管是在运输还是最后搬送到家时，纸板在整个过程中必须要能够承担起整个物件的重量，并且形变量微小。

这就是包装里面常说的平压强度，对纸板的表面进行施压，直到纸板被压扁，并记录纸板被压扁的最大压力值。

承重纸箱见图 1-25。

图 1-25 承重纸箱

一、实验类型

该实验的类型为验证性实验。

二、实验目的与任务

1. 熟悉仪器的原理及使用方法。

2. 掌握纸与纸板平压强度的测试方法，学习收集试验数据及进行数据处理。

3. 了解和分析试验误差。

三、预习要求

1. 查资料，了解影响纸与纸板平压强度的因素。

2. 完成预习报告：实验名称、内容与目的，实验原理与仪器结构，实验方案与试样要求，应记录的实验原始数据，实验数据处理的方法，可能出现的实验误差分析（见附录 1)。

四、实验基本原理

瓦楞纸板平压强度是指对瓦楞纸板的试片表面施加压力，在瓦楞纸板的瓦楞形状压扁位置不断增大压力，并记录压扁时的最大压力值。

五、实验仪器与材料

实验仪器：电子式压缩试验仪、平压取样器。

实验材料：瓦楞纸板。

六、实验内容

1. 学会用平压取样器取样。

2. 学会使用电子式压缩试验仪。

3. 测定及计算瓦楞纸板的平压强度。

七、实验步骤

1. 仪器校准

同纸与纸板环压强度实验的仪器校准。

2. 实验过程

① 按 GB/T 450—2008 进行纸与纸板的试样采集。

② 按 GB/T 22874—2008《单面和单瓦楞纸板 平压强度的测定》要求制备试样：按下平压取样器，均匀用力旋转刀体，按要求切出试样。

③ 按 GB/T 10739—2002 进行纸和纸板的湿温度处理。

④ 将切好的试样，放在电子压缩试验仪的上下压板之间。

⑤ 调整试验仪零点，开启电机，调整上压板至适当位置，然后按“复位”键，以记录上压板的起始位置并清除以前的实验数据。

⑥ 按“测试”键，使上压板均匀下降，压缩试样，直至试样被压溃，记录读数，上压板自动回到起始位置。

⑦ 更换试样，重复步骤⑤、⑥进行试验，直到 10 个试样全部测试完，然后按“打印”键，打印出实验数据。

3. 数据处理

平压强度按照以下公式进行计算：

$$X=\frac{F}{S}$$

式中　X——平压强度，kPa；

F——最大压力，kN；

S——试样面积，m^2。

八、思考题

(1) 瓦楞纸板平压强度试验过程中应注意的问题有哪些？

(2) 分析平压强度对瓦楞纸板箱的质量有什么影响？

九、注意事项

试样表面不得有压痕和损坏。

实验十三

瓦楞纸板的耐破度

材质耐破度与纤维布置的关系

造纸行业（造纸车间见图 1-26）有这样一句话："三分造纸，七分打浆"。箱纸板的许多项质量指标如耐破度、耐折度等均不同程度取决于打浆效果。打浆时应尽量使纤维充分吸水润胀、少切断、多帚化，大大增加了纤维的比表面积和游离羟基的数量以及纤维间结合力，使得耐破度提高；在成纸时使得纤维取向具有无定形性，也大大提高了纸的强度，成纸的物理指标将提高，这就是纸板的耐破度与纤维布置的关系。

图 1-26 造纸车间

一、实验类型

该实验的类型为验证性实验。

二、实验目的与任务

1. 熟悉仪器的原理及使用方法。

2. 掌握纸与纸板耐破强度的测试方法，学习收集试验数据及进行数据处理。

3. 了解和分析试验误差。

三、预习要求

1. 查资料，了解影响纸与纸板耐破度的因素。

2. 完成预习报告：实验名称、内容与目的，实验原理与仪器结构，实验方案与试样要求，应记录的实验原始数据，实验数据处理的方法，可能出现的实验误差分析（见附录1）。

四、实验基本原理

瓦楞纸板耐破度是在试验条件下，瓦楞纸板在单位面积上所能承受的垂直于试样表面的均匀增加的最大压力。将试样置于胶膜之上，用上压板压紧，然后均匀施加压力，将试样与胶膜一起自由凸起，直至试样破裂为止。

五、实验仪器与材料

实验仪器：耐破度测试仪（图1-27）、标准切纸刀、可调距切纸刀、边压取样器。

实验材料：瓦楞纸板。

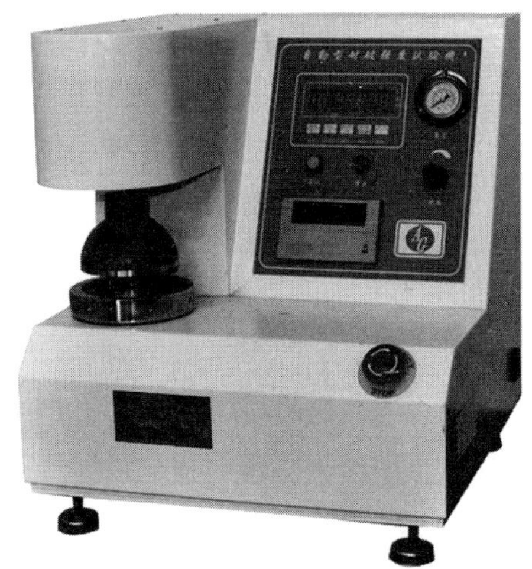

图1-27 耐破度测试仪

六、实验内容

1. 学会瓦楞纸板耐破度测试试样的裁切。

2. 学会使用耐破度测试仪的方法。

3. 测定及计算瓦楞纸板的耐破度。

七、实验步骤

1. 操作步骤

① 开机预热 10min。

② 按 GB/T 450—2008 进行纸与纸板的试样采集。

③ 按国标要求裁下试样：GB/T 1539—2007《纸板耐破度的测定》规定的试样尺寸为 100mm×100mm，正、反面各 10 个；GB/T 454—2002《纸耐破度的测定》规定的试样尺寸要求比仪器的夹环大，也是正、反面各 10 个。

④ 按 GB/T 10739—2002 进行纸和纸板的湿温度处理。

⑤ 将试样于上、下夹环之间，调整测量表为零。

⑥ 将拨杆向左扳到底，使上压板均匀下降，压缩试样，直至试样被压溃，记录读数。

⑦ 当试样被压溃的一瞬间，将拨杆向右扳到底，抬起上压板。

2. 数据处理

纸、纸板耐破度取实验数据平均值：

$$P = XG$$

式中 X——耐破指数，$kPa \cdot m^2/g$；

P——平均耐破度，kPa；

G——试样的定量，g/m^2。

八、思考题

(1) 分析耐破度对瓦楞纸板箱的质量有什么影响？

(2) 测试纸与纸板的耐破度仪和测试瓦楞纸板的耐破度仪有什么区别？

九、注意事项

1. 必须预习，在熟悉仪器性能的基础上，方能开始仪器试验。

2. 仪器因某种原因失控而发生超量程运行情况或其他故障时，应立即停机。

3. 不得随意调动各旋钮及调节部分，严格按操作规程操作。

实验十四

纸与塑料的戳穿强度

纸袋与塑料袋的差别

随着人们环保意识的提升，很多人开始崇尚环保的生活方式，其中一项措施是少用难降解的塑料袋，很多商场顺应潮流把原来购物时赠送的塑料手提袋换成了设计精美、挺括大方、时尚质感的纸袋，见图 1-28。

图 1-28 纸袋和塑料手提袋

生活中，我们发现纸包装袋很容易被有尖利边缘的物品戳穿，影响使用体验。同样，有些塑料袋也容易被袋里的物品戳穿。我们不禁会思考，不同材质的纸袋和塑料袋，哪种具有更佳的戳穿性能呢？本次试验将探讨纸与塑的戳穿性能比较。

一、实验目的

1. 熟悉仪器的原理及使用方法。

2. 掌握纸与塑料的戳穿性能的测试方法，学习收集试验数据及进行数据处理。

二、实验原理

纸与塑料的戳穿强度是指用规定形状的戳穿头穿过试样所消耗的功，以焦耳（J）表示。纸与塑料在使用或搬运过程中难免要遭到冲撞作用，为抵抗这种作用，使之免受破坏，要求样品应具有足够的抗冲击强度。对纸与塑料的抗冲击性能测定，通常在戳穿强度仪上进行。

置摆于一定位置而具有势能，释放摆，其势能转变成动能而摆动。用其戳穿头冲击试样而使之被戳穿。戳穿过程中的总能量消耗即代表试样的戳穿强度，其值等于摆在开始和运动结束时的势能差。

三、实验材料及仪器

实验材料：纸袋、塑料袋。

实验仪器：戳穿强度测试仪（图 1-29)。

图 1-29　戳穿强度测试仪

四、实验步骤

（1）准备样品

（2）仪器操作步骤

① 调水平：旋动四只调平旋钮，使两只水平仪上的水平泡居中，旋紧

锁紧螺母即可。

② 指针对零：松开并取下上夹板四只紧固螺栓，将夹板机构向右转开。将指针拨至满量程的位置，释放摆臂，空载摆动，应使指针不对零，应用小改刀轻旋指针柄内螺钉，再进行上述空载摆动，观察指针对零情况，反复几次使指针对零稳定。

③ 指针摩擦力的调整：待空载摆动指针对零时，将指针留在零刻度线处，再作依次空载摆动，观察指针是否在零刻线和零点外 3mm 处刻线（摩擦线）之间。若指针超出摩擦线以外，应调整拨针杆的位置，将紧固拨针杆的螺钉松开，微微移动拨针杆位置后，紧固螺钉，将指针放在零刻线处做空载摆动，反复数次，直至符合要求为止。

④ 摩擦套阻力的调试：将摩擦套安装在戳穿头部，摩擦套与戳穿头的配合不能过紧，空载摆动中摩擦套以不能往下脱落为好，摩擦套与戳穿头的配合松紧可由旋动三角体顶部的顶丝调节。

⑤ 按标准选择对应重砣，见表 1-1。

表 1-1 重砣与标尺的对应标准

标尺分挡	分度值/J	砝码杆挂砣和螺母
A 标尺	0.05	不挂任何砣
B 标尺	0.1	两个 B 砣和滚花螺母
C 标尺	0.2	两个 B、C 砣和滚花螺母
D 标尺	0.5	两个 B、C、D 砣和滚花螺母

⑥ 按国标裁取试样 175mm×175mm，试样事先按标准进行预处理。压下杠杆手柄，将试样放在上下夹板中间，轻放杠杆手柄，将指针拨至满刻度处。

⑦ 松开紧固螺钉，打开锁紧块，向左方拉操作手柄，释放摆臂，然后对应标尺上读数。

⑧ 将摆臂拉回待释放位置，装上摩擦套，用锁锁紧。压下杠杆手柄，取下被戳穿的试样。将指针对准满量程处。

⑨ 按上述步骤进行下次试验。

（3）记录数据。

五、注意事项

1. 悬挂重砣原则：被测试样的戳穿强度值在对应标尺满量程的 20%～80%。

2. 挂重砣时，先将锁紧块锁紧，两边重砣尽量靠贴在摆臂上，并将两端滚花螺母旋紧，以防重砣脱落。

3. 空摆对零后，在挂重砣时不必对零调整。

4. 若戳穿头被“卡”在试样中，应拿住挂砣杆先向戳穿方向转动，再顺势往后拉，从试样中退出戳穿头。

实验十五

塑料薄膜的雾度

塑料薄膜雾度对比

本实验所测的塑料薄膜的雾度是指偏离入射光 2.5°角以上的透射光强占总透射光强的百分数，雾度越大意味着薄膜光泽以及透明度，尤其成像度下降。图 1-30 是两张雾度不同的塑料薄膜的对比图（右图雾度大）。

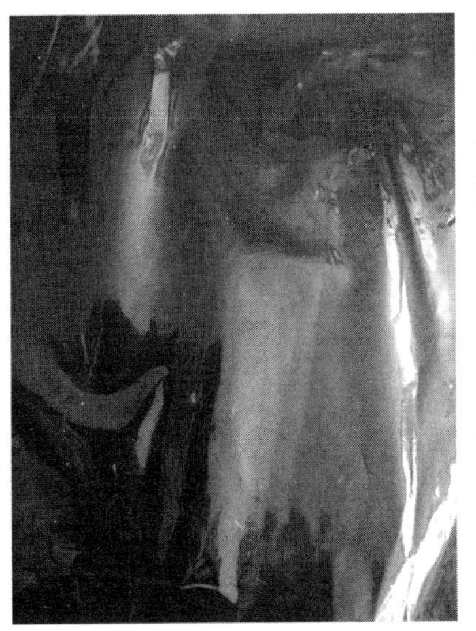

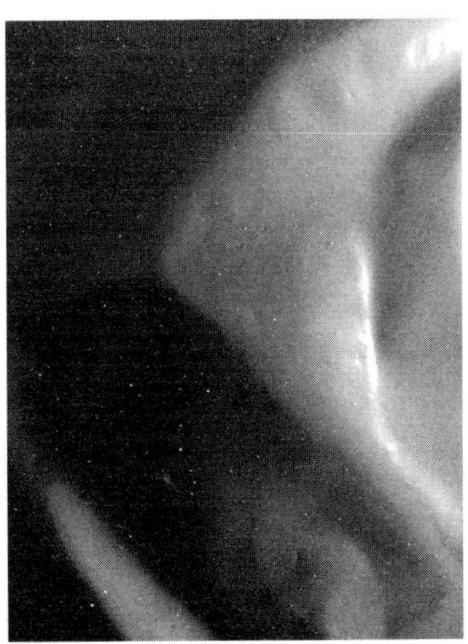

图 1-30 雾度对比图

一、实验类型

该实验的类型为验证性试验。

二、实验目的与任务

1. 熟悉仪器的原理及使用方法。

2. 掌握塑料薄膜雾度的测试方法，学习收集试验数据及进行数据处理。

3. 了解和分析试验误差。

三、预习要求

1. 查资料，了解塑料薄膜雾度对包装产品有什么影响。

2. 完成预习报告：实验名称、内容与目的，实验原理与仪器结构，实验方案与试样要求，应记录的实验原始数据名称，实验数据处理的方法，可能出现的实验误差分析（见附录1）。

四、实验基本原理

透光率和雾度是透明塑料两项十分重要的光学指标，均以百分率表示。透光率的值越大，表示薄膜的透明度越好；而雾度越大，表示透过薄膜观察物体的浑浊度越大、清晰度越差。也就是说当需要对薄膜袋中所包装的商品提供好的展示效果时，应当选取透光率大、雾度低的塑料包装薄膜。如有的食品包装薄膜就要求透光率大于90%，雾度小于2%。一般来说，塑料薄膜的透光率越高，雾度就会越低，但也不完全如此，如类似毛玻璃等的薄膜，透光率很高，雾度也很高。

透过试样而偏离入射光方向的散射光通量与投射光通量之比（以百分数表示）称为雾度。

五、实验仪器与材料

实验仪器：标准切纸刀、可调距切纸刀、透光率/雾度测定仪（图1-31）。

实验材料：PET膜、LDPE膜。

六、实验内容

1. 学会操作透光率/雾度测定仪。

2. 学会测定PET膜、LDPE膜的雾度。

七、实验步骤

1. 仪器校准

开启电源进行预热，两窗口显示两小数点，准备指示灯指示黄光，不久指示灯变绿色，左边读数窗出现“P”，右边出现“H”，并发出呼叫声。此

图 1-31 透光率/雾度测定仪

时在空白样品的情况下按测试开关，仪器将显示“P100.00”“H0.00”，即P<100.00、H>0.00，说明光源预热不够，可重关电源后再开机，重复至在“P100.00”“H0.00”下仪器预热稳定数分钟，按“TEST”开关，微机采集仪器自身数据后，再度出现“P”、“H”并呼叫，即可进行测试。

2. 实验过程

① 按标准裁切所测薄膜样品（50mm×50mm）。

② 在仪器校准后，装上样品，按测试钮，指示灯转为红光，不久就在显示屏上显示出雾度数值。

③ 需要进行复测时，可不拿下样品，重按测试按钮可得到多次测量数据，然后取其算数平均值作为测量结果，以提高测量准确度。

④ 更换样品批号时，应先按测试钮测空白，指示灯转红色，然后仪器将显示“P100.00”“H0.00”结果，指示灯显示绿色。一般每测试完一组样品应测空白一次，注意测空白后，应再按测试钮，等到准备灯发绿光、仪器发出呼叫后，再测下一组样品。

实验十六 塑料薄膜的光泽度

光泽的重要性

翡翠给人的感觉是水润、通透、莹润光亮，翡翠的莹润透亮来自于翡翠本身的光泽度。翡翠表面的光泽是鉴别翡翠价值的一个重要方面；同样的，塑料薄膜的光泽度也是评判薄膜质量高低的一项重要指标。市场上塑料包装袋的种类众多，但是最受欢迎、也最受瞩目的就是光泽度好的塑料包装，给人以干净清晰的感觉，相比较而言消费者也更愿意购买光泽度好的塑料薄膜包装的食品，由此看来，光泽度对于塑料薄膜的重要性不容忽视。

光泽度对比见图 1-32。

(a) 光泽度差

(b) 光泽度好

图 1-32 光泽度对比图

一、实验类型

该实验的类型为验证性试验。

二、实验目的与任务

1. 熟悉仪器的原理及使用方法。

2. 掌握塑料薄膜光泽度的测试方法，学习收集试验数据及进行数据处理。

3. 了解和分析试验误差。

三、预习要求

1. 查资料，了解塑料薄膜光泽度与哪些因素有关。

2. 完成预习报告：实验名称、内容与目的，实验原理与仪器结构，实验方案与试样要求，应记录的实验原始数据名称，实验数据处理的方法，可能出现的实验误差分析（见附录 1）。

四、实验基本原理

光泽度表示塑料薄膜在受光照射时的反光能力，以样品在正反射方向，相对于标准表面反射光亮度的百分率表示。光泽度是在一组几何规定条件下对材料表面反射光的能力进行评价的物理量。光泽度的数值越大，薄膜表面光亮度越佳。

五、实验仪器与材料

实验仪器：KGZ-1A 型光泽度仪（图 1-33）。

实验材料：PET 膜、LDPE 膜。

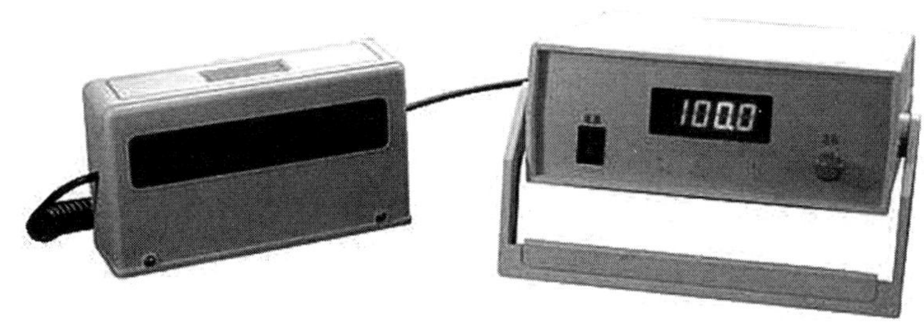

图 1-33 光泽度仪

六、实验内容

1. 学会光泽度仪的使用方法。

2. 测定 PET 膜、LDPE 膜的光泽度。

七、实验步骤

（1）预热仪器：将测量头插头插入主机后板的插座上，接通电源，打开仪器电源开关，预热仪器 10min。

（2）仪器定标：将黑玻璃标准板放在测量头工作面的开口上，标准板的中心部位与开口的中心部位对正。调整定标旋钮，使显示器的读数达到标准板的标称值。

（3）校准仪器：将白陶瓷标准板放在测量头工作面的开口上，定好位。显示器的读数与陶瓷标准板的标称值相差不应超过一光泽单位。

（4）按 GB/T 450—2008 的规定进行采样。

（5）从抽取的纸页上避开水印、斑点及可见的纸病，沿横向纸幅均匀切取为 100mm×100mm 的试样，至少 5 片，以保证做至少 5 次有效试验；试样必须保持清洁，不得用手接触测试面。

注：在高湿度环境中试样光泽度往往会不可逆地降低，因此注意不要使试样受潮。

（6）进行测量：分别将被测样品按纵、横向和正、反面放在测头工作面的开口上，记录显示器读数。

注：某一样品的光泽度值一般应多次测量，求取平均值。测量的次数应依有关标准而定。

（7）数据处理

① 每一片试样纵、横向的读数平均值即为此片试样的光泽度值。

② 分别计算 5 片试样正、反两面的光泽度平均值。

（8）测量完毕：试样测量完，按校准仪器的步骤再进行一次仪器校准；然后将仪器测量头工作面朝下摆放好，标准板应放回干燥器中。

八、注意事项

1. 若超过一光泽单位，说明仪器工作不正常，应清洗标准板。

2. 标准板应定期标定，一般一年为一周期。

3. 标准板应保持清洁，不得有任何脏物，以免划伤其表面，使用时应拿其边缘，切勿触摸表面，需清洗标准板时，切勿用毛巾、硬毛刷或硬纸等擦抹，也不要用嘴去吹，可使用脱脂棉或镜头纸沾无水酒精和乙醚的混合液［(3～5)∶1］轻轻擦拭。

实验十七
塑料薄膜的透光率

透与不透的价值

塑料薄膜在我们生活中随处可见，如超市里面的保鲜膜、文件袋，或农场里面的大棚膜、农膜，都属于塑料薄膜。但对于不同用处的薄膜，对它的透光率有不同的要求。像保鲜膜一般会包蔬菜、剩余饭菜等，这就需要较好的透光率，因为需要对包起来的食物做到一目了然，方便取用；而像地膜有些因为种植物种的生长需要则要求薄膜的透光率极低。

保鲜膜与黑色地膜见图 1-34。

图 1-34　保鲜膜与黑色地膜

一、实验类型

该实验的类型为验证性试验。

二、实验目的与任务

1. 熟悉仪器的原理及使用方法。

2. 掌握塑料薄膜透光率的测试方法，学习收集试验数据及进行数据处理。

3. 了解和分析试验误差。

三、预习要求

1. 查资料，了解影响塑料薄膜透光率的因素。

2. 完成预习报告：实验名称、内容与目的，实验原理与仪器结构，实验方案与试样要求，应记录的实验原始数据名称，实验数据处理的方法，可能出现的实验误差分析（见附录 1）。

四、实验基本原理

透过试样的光通量和射到试样上的光通量之比（以百分数表示）称为透光率。

光线射到一透明或半透明物体上时，部分产生定向反射，部分产生漫反射，进入样品后部分被吸收，部分被透过，出射样品的光中，主透射部分按折射定律前进，部分产生半球投射 ，其前进方向是散乱的。测试过程中采用积分球捕捉半球范围内的全部透射光，由发射系统和接收系统两大部分组成。

五、实验仪器与材料

实验仪器：透光率/雾度测定仪（如图 1-31），标准取样器，可调距取样器。

实验材料：PET 膜、LDPE 膜。

六、实验内容

1. 学会透光率/雾度测定仪的使用方法。

2. 测试塑料薄膜的透光率。

七、实验步骤

1. 仪器校准

同“实验十五”。

2. 实验过程

同“实验十五”。

八、思考题

（1）塑料薄膜的透光率与雾度有何关系？

（2）塑料薄膜的光泽度测定与纸张光泽度测定有何区别？

实验十八

塑料薄膜的耐磨性

耐磨性的作用

耐磨性是塑料薄膜的重要性能指标之一，它直接影响薄膜的使用寿命。耐磨性是指在一定摩擦条件下抵抗磨损的能力。在不考虑其他因素条件下，硬度越高，耐磨性越好，表面光洁度越高，摩擦越小。相对来说，同种材料根据表面处理不同，硬度跟耐磨性是成正比的。用塑料薄膜包装的物品在运输、分拣和摆放过程当中难免受到外界的机械损伤，耐磨性好的塑料薄膜能较好地保证包装薄膜的完整性和光泽度，所包装的物品在市场上的受欢迎程度就会大大提高，同时给企业和商家带来利益。不同耐磨性的塑料薄膜见图1-35。

(a) 耐磨性差

(b) 耐磨性好

图 1-35　不同耐磨性的塑料薄膜

一、实验类型

该实验的类型为验证性试验。

二、实验目的与任务

1. 熟悉仪器的原理及使用方法。

2. 掌握塑料薄膜耐磨性的测试方法，学习收集试验数据及进行数据处理。

3. 了解和分析试验误差。

三、预习要求

1. 查资料，了解影响塑料薄膜耐磨性的因素。

2. 完成预习报告：实验名称、内容与目的，实验原理与仪器结构，实验方案与试样要求，应记录的实验原始数据名称，实验数据处理的方法，可能出现的实验误差分析（见附录1）。

四、实验基本原理

两试验表面平放在一起，在一定的接触压力下，使两表面相对移动，记录所需的力。

五、实验仪器与材料

实验仪器：摩擦系数、剥离试验仪（见图1-36），标准取样器，可调距取样器。

实验材料：LDPE膜。

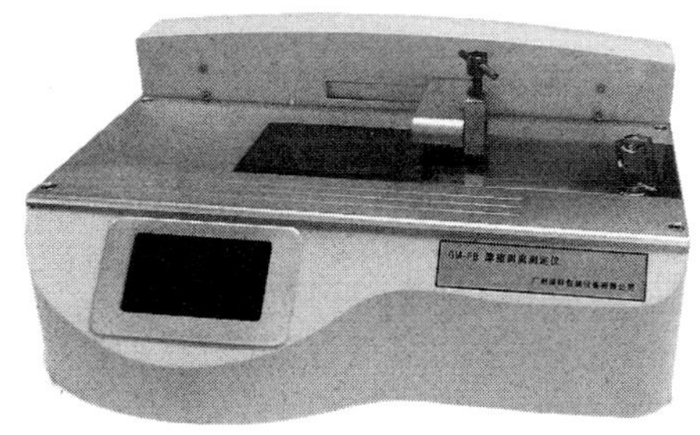

图1-36　摩擦系数、剥离试验仪

六、实验内容

1. 学会摩擦系数/剥离试验仪的使用方法。

2. 测定LDPE膜的耐磨性。

七、实验步骤

（1）裁切待测烫印标准尺寸试样和塑料薄膜试样。

（2）依次打开电脑、摩擦系数/剥离试验仪电源，运行摩擦剥离软件，选择操作模式（摩擦试验或剥离试验），再进行参数设定。

（3）将试样在标准环境下进行至少16h的处理，每次测试取两个8cm×20cm的试样。

① 将一个试样的试验表面向上，平整地固定在水平实验台上。试样与试验台的长度方向应平行。

② 将另一个试样的试验表面向下，包住滑块带毛毡的一面，用胶带在两侧固定。若试样较厚或刚性较大，可将其取成63cm×63cm（滑块尺寸），在滑块底面和试样非实验表面间用双面胶带固定试样。

③ 将固定有试样的滑块无冲击地放在第一个试样中央，并使两试样的试验方向与滑动方向平行且测力系统恰好不受力。

④ 将标准压环固定在传感器上，用细钢丝将滑块和传感器连接。

⑤ 在软件界面点击运行试验，试验结束后，钢带自动回位，显示试验数据，至少测三对试样。

（4）进行数据处理，计算薄膜的摩擦系数，分析测定结果。

八、思考题

（1）塑料摩擦性能对塑料软包装有何影响？

（2）动摩擦系数与静摩擦系数有何区别？

九、注意事项

要求试样平整无划痕、无尘埃。

实验十九

塑料薄膜的拉伸强度和伸长率

此实验现象在生活中应用的比较广泛，比如保鲜膜的应用（图 1-37）。用保鲜膜包裹食物的过程中，都是纵向拉伸来包住食物，横向切断保鲜膜，这是因为纵向的伸长率较横向大，用一定的力拉伸保鲜膜纵向较横向拉的更长且更不易拉断，也就是说横向较纵向易被拉断。而且拉伸之后的塑料薄膜不能回缩，是不可逆的拉伸。

下面，就来具体地看一下如何测定塑料薄膜的拉伸强度和伸长率。

图 1-37 纵向拉伸的保鲜膜

一、实验类型

该实验的类型为验证性试验。

二、实验目的与任务

1. 熟悉仪器的原理及使用方法。

2. 掌握塑料薄膜拉伸强度与伸长率的测试方法，学习收集试验数据及进行数据处理。

3. 了解和分析试验误差。

三、预习要求

1. 查资料，了解塑料薄膜的拉伸强度与伸长率与哪些因素有关以及纵横方向的拉伸强度与伸长率有何不同。

2. 完成预习报告：实验名称、内容与目的，实验原理与仪器结构，实验方案与试样要求，应记录的实验原始数据名称，实验数据处理的方法，可能出现的实验误差分析（见附录1）。

四、实验基本原理

拉伸强度是指在拉伸试验中，试样直至断裂为止所承受的最大拉伸应力。断裂伸长率是指在拉力作用下，试样断裂时标线间距离的增加量与初始标距之比，以百分率表示。

抗拉试验是对试样沿纵横方向施加静态拉伸负荷，使其破坏。通过测定试样的屈服力、破坏力和试样标距间的伸长来求得试样的屈服强度、拉伸强度和伸长率。

五、实验仪器与材料

实验仪器：电子智能拉伸机，冲压取样器。

实验材料：塑料薄膜。

六、实验内容

1. 学会确定试样的纵横方向。

2. 学会使用冲压取样器取样。

3. 测定塑料薄膜的拉伸强度与伸长率。

七、实验步骤

1. 仪器校准：开机后，应先注意仪器是否正常，然后才可开始做实验。

2. 实验过程

(1) 按 GB/T 1040.3—2006《塑料 拉伸性能的测定 第3部分：薄膜和

薄片的试验条件》要求，沿宽度方向等间隔取样。优先选用宽度为10～25mm、长度不小于150mm的长条试样（即2型试样），试样中部应有间隔为50mm的两条平行标线。

(2) 按GB/T 2918—1998对塑料薄膜的标准环境温度进行状态调节。

(3) 打开电源，出现提示屏：按下“试验”按钮，进入主屏幕。

(4) 按数字键1选择进行的实验名称——拉伸强度与伸长率。

(5) 按数字键1选择“参数设置”项，按“试验”键进入，按“上下移动”键根据所要修改的参数分别在选项前加“※”号并修改数据。

(6) 按“上下移动”键回参数设置屏幕，按“试验”键进入试验界面。

(7) 双击电脑屏幕上的软件图标，进入试验界面。

(8) 按“下降”“微动”“停止”键，装夹试样，试样应装在夹具的中间且不扭曲。

(9) 按“试验”键进行试验；试验完成后，上夹头自动复位，仪器和电脑屏幕显示试验数据及试验曲线。

(10) 按“上移动”键重新打开一个试验界面，按“右移动”键改变试样标号，重复步骤(9)、(10)。

(11) 在电脑软件试验界面中点击“保存”，将实验结果保存至实验报告。

3. 数据处理

$$P=\frac{F}{b\times d}$$

式中 F——压力，N；

P——拉伸强度，又称拉应力，MPa；

b——试样宽度，mm；

d——试样厚度，mm。

$$\varepsilon=\frac{L}{L_0}\times 100\%$$

式中 ε——伸长率，%；

L——试样被拉伸的长度，mm；

L_0——试样未拉伸的长度，mm。

八、思考题

影响塑料薄膜拉伸强度的因素有哪些？

九、注意事项

1. 标线应对试样不产生任何影响。

2. 观察试样的断裂位置，如在规定标线之外断裂则应废除此数据。

实验二十 塑料薄膜的抗冲击强度

降落伞与保护

降落伞（图 1-38 和图 1-39）是利用空气阻力，依靠相对于空气运动充气展开的可展式气动力减速器，使人或物从空中安全降落到地面的一种航空工具。

图 1-38 降落伞 1

由此可以看出，要想降落伞的安全性很高，就要使降落伞的抗空气阻力能很高，即抗冲击强度很高。这同塑料薄膜的抗冲击强度一样，都是为了提高安全性。

图 1-39 降落伞 2

一、实验类型

该实验的类型为验证性试验。

二、实验目的与任务

1. 熟悉仪器的原理及使用方法。

2. 掌握塑料薄膜抗冲击强度的测试方法，学习收集试验数据及进行数据处理。

3. 了解和分析试验误差。

三、预习要求

1. 查资料，了解影响塑料薄膜抗冲击强度的因素有哪些。

2. 完成预习报告：实验名称、内容与目的，实验原理与仪器结构，实验方案与试样要求，应记录的实验原始数据名称，实验数据处理的方法，可能出现的实验误差分析（见附录 1）。

四、实验基本原理

在给定的自由落镖冲击下，测定 50% 塑料薄膜和薄片试样破损时的能量。以冲击破损质量表示，适用于测定厚度小于 1mm 的塑料薄膜。包括两种试验方法：A 法和 B 法。A 法适用于冲击破损质量为 50～2000g 的材料；B 法适用于冲击破损质量为 300～2000g 的材料。

五、实验仪器与材料

实验仪器：落镖冲击试验机（图 1-40）。

实验材料：塑料薄膜。

六、实验内容

1. 学会落镖冲击试验机的使用方法。

2. 测试塑料薄膜的抗冲击强度。

七、实验步骤

1. 仪器校准

开机后，应先注意仪器是否正常，预热 10min。

2. 实验过程

（1）选择试验方法

在试验界面中，输入“A 法”或“B 法”，输入后，需按“确定”键保存。

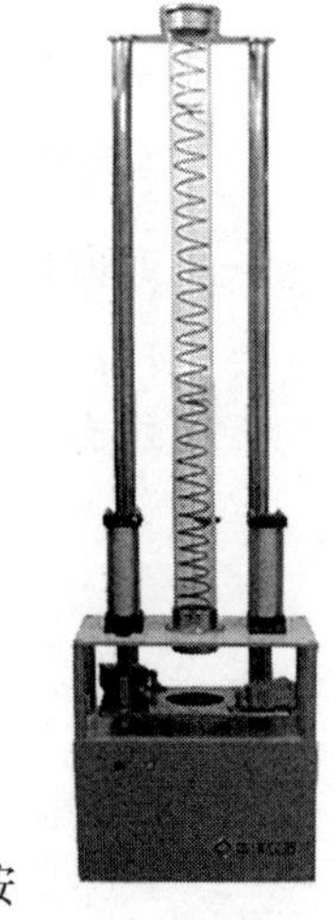

图 1-40　落镖冲击试验机

（2）确定冲量值

可以事先估计一个数值输入到冲量中，也可以通过实验预做获得该数值。实验预做时不需要输入冲破或未破的状态，先估计一冲击质量，然后在此质量的基础上递增或减码到刚好能冲破时，把此落镖的质量输入到冲量中，确定保存。

（3）确定量差值，即 ΔM 值

递增或减码时，当达到递增一定质量的砝码时，试样能冲破，递减同样重量的砝码时，试样不能冲破。“一定质量”的砝码就可以作为 ΔM。

（4）正式试验

将确定的冲量、ΔM 等参数输入，确定保存。

再按“试样”键或踩标有“夹/防样”标志的脚踏开关，气缸抬起，放置大小合适的试样。再按“夹样”键或“夹/放样”标志的脚踏开关，气缸夹紧。

再按“电磁”键，将落镖插入到吸持机构。

最后按“试验键”或踩“冲破”或“未破”键，冲击试样后，若弹起，应捉住它。

（5）检查试样是否破损，根据情况按“冲破”或“未破”键，最后对输入结果按“确定”键。

（6）当试验件数不为空时，无需输入数字，视情况按“$+\Delta M$”或“$-\Delta M$”即可，系统会自动刷新冲击值到系统自动结束、自动打印。

八、思考题

对一种未知材料如何确定其最初的冲击值？冲量、ΔM 设定的不同对试验有什么影响？

九、注意事项

1. 试验过程中气压需保持一定量，否则夹样不紧易产生误差。

2. 试验过程中冲击质量的变化与砝码的变化相等。

实验二十一

塑料薄膜的撕裂强度

金口难开

生活中存在着各式各样的密封型塑料包装，可每一种包装，都会有开口线或者锯齿状的开口边，否则很难打开包装。真可谓吃罐头没有刀——金口难开。而这都是因为塑料薄膜存在一定的撕裂强度，见图 1-41。

图 1-41 具有一定撕裂强度的塑料薄膜

我们买的塑料包装类零食，如糖果、饼干等，在包装的一侧或者两侧都会有开口线或者锯齿形开口边（图 1-42），这就是为了方便消费者节时省力地撕开包装袋。

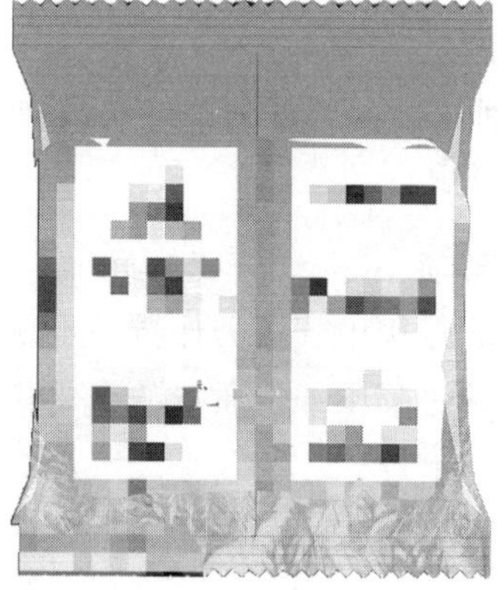

图 1-42 开口线或者锯齿形开口边的塑料包装

试想一下，如果这些塑料包装产品没有开口线或者锯齿形的开口边，任意地找角度撕，不仅可能会撕不开，还可能因为力度对产品包装的挤压与拉扯，破坏产品本身。

一、实验类型

该实验的类型为验证性试验。

二、实验目的与任务

1. 熟悉仪器的原理及使用方法。

2. 掌握塑料薄膜撕裂强度的测试方法，学习收集试验数据及进行数据处理。

3. 了解和分析试验误差。

三、预习要求

1. 查资料，了解影响塑料薄膜撕裂度的因素有哪些。

2. 完成预习报告：实验名称、内容与目的，实验原理与仪器结构，实验方案与试样要求，应记录的实验原始数据名称，实验数据处理的方法，可能出现的实验误差分析（见附录1）。

四、实验基本原理

裤型撕裂试验方法是测定已用刀片割除切口的试样完全撕裂时所需要的力。其原理就是用切口长度为试样本身长度一半的试样，在其切口所形成的两“裤腿”上做拉伸试验，以求得试样在长度方向上被完全撕裂所需要的平均力或最大力值。

直角撕裂性能试验方法则是对标准试样施加拉伸负荷，试样在直角口处撕裂，测定试样的撕裂负荷或撕裂强度。

五、实验仪器与材料

实验仪器：智能电子拉力机或撕裂度测定仪、标准切纸机、可调距切纸刀。

实验材料：塑料薄膜。

六、实验内容

1. 学会确定试样的纵横方向。

2. 学会PC型智能电子拉力试验机的使用方法。

3. 测定塑料薄膜撕裂强度。

七、实验步骤

1. 仪器校准

开机后，应先注意仪器是否正常，预热10min。

2. 实验步骤

(1) 按 GB/T 16578、QB/T 1130—91 进行塑料薄膜的试样采集：试样应沿样品宽度方向大约等间隔裁取。

(2) 按 GB/T 16578、QB/T 1130—91 要求用裁切刀裁下试样：在距边缘 15mm 以内一次性裁切，试样尺寸（GB/T 16578）为 150mm×150mm，在 50mm 尺寸的正中间切一个 75mm 长的直线切口。纵、横方向各不少于 5 个，以试样撕裂时的裂口扩展方向作为试样方向。然后在低倍放大镜下检查切口，试样边缘应无裂缝及伤痕。

(3) 按 GB/T 2918—1998 对塑料薄膜的标准环境温湿度进行状态调节，时间不少于 4h。

(4) 打开电源，出现提示屏；按下“试验”键，进入主屏幕。

(5) 按数字键 1 选择所要进行的实验名称——撕裂强度。

(6) 按数字键 1 选择“参数设置”项，按“试验”键进入，按“上下移动”键根据所要修改的参数分别在选项前加“※”号并修改数据。

(7) 按“上下移动”键回参数设置屏幕，按“试验”键进入试验界面。

(8) 双击电脑屏幕上的软件图标，进入试验界面。

(9) 按“下降”“微动”“停止”键，装夹试样，试样应装在夹具的中间且不扭曲。

(10) 按“试验”键，进行试验；试验完成后，上夹头自动复位，仪器和电脑屏幕显示试验数据及试验曲线。

(11) 按“上移动”键重新打开一个试验界面，按“右移动”键改变试样标号，重复步骤 (9)、(10)。

(12) 在电脑软件试验界面中点击“保存”，将实验结果保存至实验报告。

3. 数据处理

$$B=\frac{F}{d}$$

式中 B——撕裂强度，kN/m；

F——最大撕裂力，N；

d——试样的厚度，mm。

八、思考题

影响塑料薄膜耐撕裂性能试验的因素有哪些？

九、注意事项

1. 夹样的过程中注意不要把试样损坏。

2. 夹样需注意上下夹在同一条直线上，上下夹的面积一样多。

3. 在试样过程中不能用手再去拧夹头。

实验二十二

塑料薄膜的透气性能

密不透风

看似密不透风的塑料薄膜包装袋，由于透气性的强弱，在包装食品的储藏过程中，随着时间的推移，或多或少都会有空气渗透和溢出。

例如：抽真空的塑料薄膜包装（图 1-43），在放置很长一段时间之后，会出现胀袋的情况，而包装袋却完好无损。这是因为塑料包装薄膜有一定的透气性。

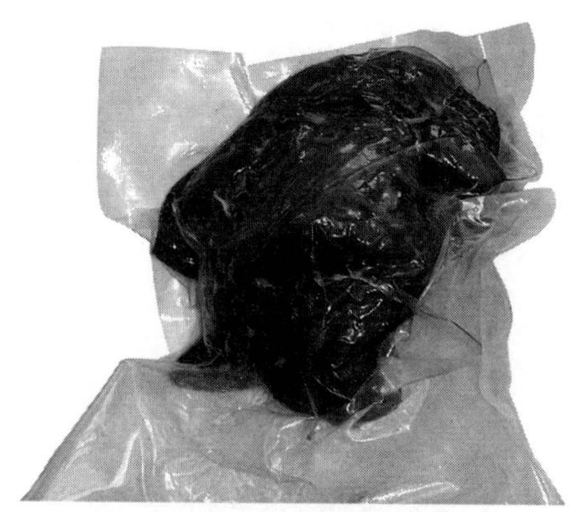

图 1-43　抽真空的塑料薄膜包装

下面，让我们一起来体验薄膜神奇的透气性。

一、实验类型

该实验的类型为验证性实验。

二、实验目的与任务

1. 熟悉仪器的原理及使用方法。

2. 掌握塑料薄膜透气性能的测试方法，学习收集试验数据及进行数据处理。

3. 了解和分析试验误差。

三、预习要求

1. 查资料，了解影响塑料薄膜透气性能的因素有哪些。

2. 完成预习报告：实验名称、内容与目的，实验原理与仪器结构，试验方案与试样要求，应记录的实验原始数据名称，实验数据处理的方法，可能出现的实验误差分析（见附录 1）。

四、实验基本原理

气体的透过量是在恒定温度和单位压差下 24h 内稳定透过单位面积的气体量（标准状态下），单位是 $cm^3/(m^2 \cdot d \cdot Pa)$。

气体透过系数是在恒定温度和单位压差下稳定透过单位面积，单位厚度薄膜的透气量（标准状态下），单位是 $cm^3 \cdot cm/(m^2 \cdot s \cdot Pa)$。

其原理是气体分子先溶于固体薄膜中，然后在薄膜中向低浓度处扩散，最终在薄膜的另一面蒸发。在一定的温度和湿度下，使试样的两侧保持一定的气体压差，测量试样低压侧气体压差的变化，从而计算出所测试样的透气量和透气系数。测试采用的是国际最先进的微压测量技术，利用电涡流原理，使测试变得方便可行。

五、实验仪器与材料

实验仪器：透气性测定仪（图 1-44）。

实验材料：塑料薄膜。

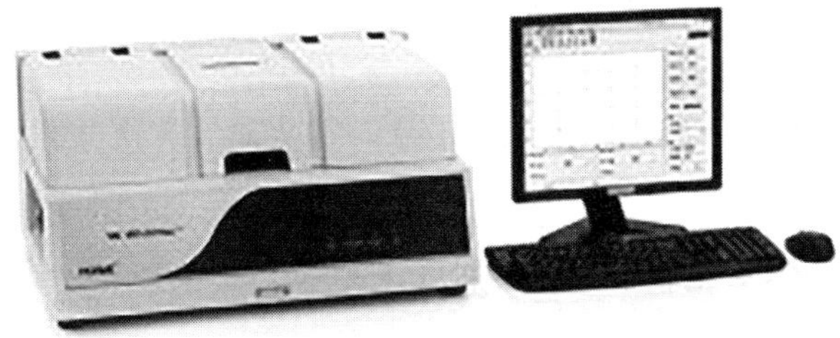

图 1-44　透气性测定仪

六、实验内容

1. 学会透气性测定仪的使用方法。

2. 测试塑料薄膜的透气性能。

七、实验步骤

（1）先打开主机电源，然后打开电脑，运行测试软件，注意观察系统监控灯是否以一定频率闪烁，以检查系统是否工作正常。

（2）逆时针旋转试验气体钢瓶总阀门，然后顺时针调节输出压力阀至0.7MPa。

（3）用专用取样器取出所需的试样三个，然后在低倍数放大镜下检查切口，试样边缘应无裂缝及伤痕，试样表面平整，无划伤、无损坏。

（4）按GB/T 2918—1998对塑料薄膜的标准环境温湿度进行状态调节，时间不少于4h。

（5）将取好的试样放入测试腔台，依此摆好，完全盖住测试腔表面，然后盖上测试腔，旋紧手柄压紧试样。

（6）在电脑主屏幕上点击“用户信息设置”键，输入相应的技术参数，点击“存盘退出”键。

（7）在电脑屏幕上点击“试验”键，仪器开始试验。

（8）在试验中，不得离开仪器，仔细观察电脑屏幕显示的试验曲线，当曲线的直线部分超过软件设定的一大格横坐标范围时，说明试验数据已趋于平稳，可以结束实验，点击“STOP”键，停止试验。

（9）电脑自动弹出试验报告，记录试验数据，点击“保存”键退回主屏幕。

（10）旋松手柄，打开测试上腔，取出试样，更换快速定量滤纸和试样，重复（6）、（7）、（8）、（9），继续进行试验。

（11）试验结束后，松开测试上腔，取出试样，旋紧总阀门，关闭气瓶后，点击“试验”键，观察主机左侧表显示的压力值为零，再点击“STOP”键，逆时针旋开输出压力阀。

（12）关闭测试软件，关闭主机电源，再关闭计算机电源。

八、思考题

薄膜透气性测定的注意事项是什么？复合薄膜的透气性与其阻隔层有何关系？

九、注意事项

1. 试样放置时应与快速定量滤纸处于同心位置，绝不能让快速定量滤纸的边缘和密封胶圈接触或叠加。

2. 三个试样必须测试同一个面。

实验二十三

塑料薄膜的透湿性能

塑料薄膜也可水到渠成

在水蒸气的眼里，不同的塑料薄膜有不同的透湿性能，面对透湿性能良好的薄膜，水蒸气与之打成一片，自由穿行薄膜包装的内外；而水蒸气遇到透湿性能差的薄膜时，就只好被其乖乖束缚或拒之膜外。

图 1-45　用不同保鲜膜包起来的水果

例如：用不同保鲜膜包起来的水果（图 1-45），如果在室温下放置，过几天会发现有的保鲜膜表面有水雾，而有的根本没有水雾，还保持之前的状态。这是因为采用的保鲜膜不同，自然而然透湿性就不一样，没有水雾的说明保鲜薄膜的透湿（水蒸气）性好，而相反，有水雾的则说明保鲜薄膜的透湿性不好，所以水蒸气多了就会在保鲜薄膜的内表面凝结成水雾。

下面，让我们一起进行薄膜的透湿性能测试实验，一起了解薄膜的透湿性。

一、实验类型

该实验的类型为验证性实验。

二、实验目的与任务

1. 熟悉仪器的原理及使用方法。

2. 掌握塑料薄膜透湿性能的测试方法，学习收集试验数据及进行数据处理。

3. 了解和分析试验误差。

三、预习要求

1. 查资料，了解影响塑料薄膜透气性能的因素有哪些。

2. 完成预习报告：实验名称、内容与目的，实验原理与仪器结构，试验方案与试样要求，应记录的实验原始数据名称，实验数据处理的方法，可能出现的实验误差分析（见附录1）。

四、实验基本原理

透湿量又称水蒸气透过量，是薄膜两面水蒸气压差和薄膜厚度一定、温度一定、相对湿度一定的条件下，单位面积，24h内所透过的水蒸气量，单位为 $g/(m^2 \cdot 24h)$。

透湿系数又称为水蒸气透过系数，是在一定的温度和相对湿度下，在单位水蒸气压差下，单位时间内透过单位面积，单位厚度的水蒸气量，单位为 $g \cdot cm/(cm^2 \cdot s \cdot kPa)$。

其原理是水蒸气分子先溶解于薄膜中，然后在薄膜中向低浓度处扩散，最后在薄膜的另一面蒸发。测试是在一定的温度下，使试样的两侧保持一定的蒸气压差，测量通过试样的蒸气量，从而计算出试样的透湿量。采用先进的微处理器对恒温恒湿箱进行监控，实时记录测试数据并最终显示试验结果。

五、实验仪器与材料

实验仪器：透湿性测定仪（图1-46）。

实验材料：塑料薄膜。

六、实验内容

1. 学会透湿性测定仪的使用方法。

2. 测试塑料薄膜的透湿性能。

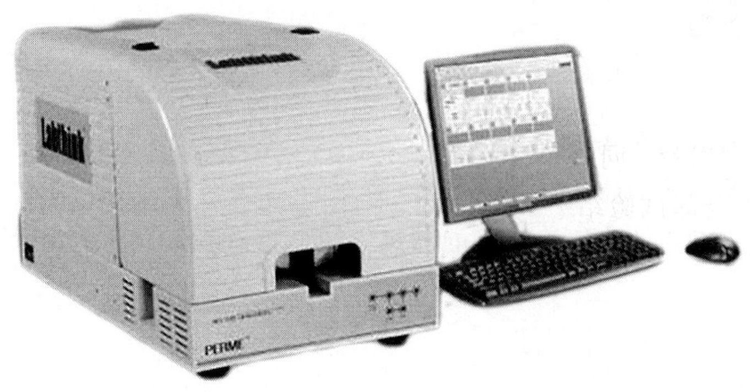

图 1-46　透湿性测定仪

七、实验步骤

（1）先打开主机电源，然后打开电脑，运行测试软件，点击“添加分类”键，输入项目名称及项目编码，点击“确定”键（如还需要添加，则点击“添加”键）。

（2）点击所需的添加项目，再点击“设定采样参数”键，输入所需设定的技术参数，然后点击“确定”键回到主屏幕，点击“指定采样分类”键；当第二次以上试验时，应点击“修改采样参数”键，对试样的序号进行修改，然后点击“确定”键回到主屏幕，再按“追加采样数据”键进行实验。

（3）用专用取样器取出所需的试样，然后在低倍数放大镜下检查切口，试样边缘应无裂缝及伤痕，试样表面平整，无划伤、无损坏。

（4）按 GB/T 2918—1998 对塑料薄膜的标准环境温湿度进行状态调节，时间不少于 4h。

（5）打开仪器外盖，检查干燥剂是否为蓝色，如不是应更换干燥剂；然后打开恒温恒湿箱，旋下保护帽，将支架和托盘装在称重传感器上。

（6）取出透湿杯，旋下压盖，取出密封圈和支撑盘，在透湿杯的杯槽底部放入 2/3 的蒸馏水，然后依次放入试样、支撑盘、密封圈，旋紧压盖。

（7）透湿杯装好后，应轻拿轻放，放在托盘上，盖好恒温恒湿箱盖，再放下仪器外盖。

（8）在主机控制键盘出按“↓”键，加亮“设置”项，按“确认”键进入，加亮“预热时间”项，按“↑、↓”调整预热时间（分钟），按“存储”键，再按“确认”键退出；按“↓”键加亮“设定温度”项，按“↑↓”调整温度值［一般标准温度设定为（38±0.6）℃和（23±0.6）℃］，按“存储”键再按“确认”键退出。以此类推，设置好各参数。

（9）设置完成后，按“退出”键回主屏幕，按“↑”加亮“试验”项，按“确认”键开始试验。

（10）试验完成后，更换试样，按步骤（2）、（3）、（6）、（7）、（8）、（9）进行下一个试验，同一种薄膜需取三个试样进行试验，取得三个数据。

（11）全部试验结束后，将三个数据取平均值，作为此种样品的试验数据。

八、思考题

透气性与透湿性的区别是什么？它们有何关系？

九、注意事项

1. 试验时三个试样的测试面必须一致。
2. 操作时应避免蒸馏水溢出杯槽。
3. 当试样太软时，可将支撑圈放在试样的下面。

实验二十四

塑料薄膜的热收缩率

塑料薄膜变形记

随着温度的变化（在一定范围内持续升高），塑料薄膜会出现收缩、卷取等变形；塑料薄膜随着温度变化而出现的热变形，称为塑料薄膜的热收缩。

图 1-47　装和没装热水的矿泉水瓶对比

例如：用矿泉水瓶装热水，会看到随着热水的增多，矿泉水瓶也在不断地缩小（图 1-47）；把垃圾袋或者保鲜膜等薄膜放入热水中，也会逐渐变小，这就是薄膜的热收缩。用一次性塑料打包盒打包的饭菜放入微波炉里加热，温度太高会使塑料盒出现收缩。这些塑料的变形都和塑料薄膜的热收缩率有关。

下面，就让我们一起测试一下塑料薄膜的热收缩率。

一、实验类型

该实验的类型为综合性实验。

二、实验目的与任务

1. 熟悉仪器的原理及使用方法。

2. 掌握塑料薄膜热收缩率的测试方法，学习收集试验数据及进行数据处理。

3. 了解和分析试验误差。

三、预习要求

1. 查资料，了解影响塑料薄膜热收缩率的因素有哪些。

2. 完成预习报告：实验名称、内容与目的，实验原理与仪器结构，试验方案与试样要求，应记录的实验原始数据名称，实验数据处理的方法，可能出现的实验误差分析（见附录 1）。

四、实验基本原理

热收缩包装是利用有热收缩性能的塑料薄膜缠裹产品或包装件，然后加热处理，包装薄膜即按一定的比例自动收缩，紧贴住被包装件的一种包装方法。热收缩率（S_p）是衡量薄膜收缩能力的数值。本实验在 110℃、130℃和 160℃分别测试 S_p，计算在 150℃时，S_p 的插值，并用来估算热收缩包装的热收缩率。热收缩包装的质量取决于热收缩通道内的参数（温度和输送带速度）和薄膜的参数（尺寸和厚度）。

五、实验仪器与材料

实验仪器：热收缩包装机（图 1-48）、薄膜架、直尺、薄膜厚度测定仪、油性笔。

实验材料：热收缩薄膜。

六、实验内容

1. 学会热收缩包装机的使用方法。

2. 测试热收缩薄膜的热收缩性能。

七、实验步骤

（1）开机前，检查热收缩机的控制面板，调速旋钮应左旋至最低，温度表数值也应在最小。

（2）开机时，先将热收缩机电源打开，然后打开输送带开关，右旋调速旋钮至 2，让输送带运动。打开鼓风机开关，将温度调节器设定至所需参数：110℃。

图 1-48　热收缩包装机

(3) 在等待热收缩机达到平衡的过程中，进行以下操作：

① 从薄膜卷轴上剪一块 10cm×10cm 的膜。

② 用油性铅笔标记薄膜的纵向和横向［纵向，又称“机器方向（MD）”，是薄膜沿卷轴的方向；横向，又称“垂直方向（CD）”，是与纵向相垂直的方向］。

③ 在薄膜样品的两个角上穿孔，将样品挂在薄膜架上。

(4) 待热收缩机达到平衡状态后，将薄膜架送入热收缩机的热收缩通道内。

(5) 薄膜架从热收缩通道内出来后，从薄膜架上取下薄膜，测量薄膜的最后厚度 l_f、在纵向或横向的最后长度 L_f 和长度的改变量 ΔL。将这些数据记录在表中。

(6) 用下式计算在横向（CD）和纵向（MD）的 S_p 值

$$S_p=\frac{\Delta L}{L_i}\times 100\%$$

式中　L_i——薄膜的初始长度（10cm）。

(7) 改变热收缩机的参数为 130℃，重复（3）～（6）实验步骤。

(8) 改变热收缩机的参数为 160℃，重复（3）～（6）实验步骤。

(9) 用计算所得的横向（CD）S_p 值作为温度的函数作图，取一条最佳拟合线，包含在室温时 S_p 为 0 的点。

(10) 用计算所得的纵向（MD）S_p 值作为温度的函数作图，取一条最佳拟合线，包含在室温时 S_p 为 0 的点。

（11）从上面图中，确定 CD 和 MD 在 150℃时，S_p 的插值。

八、思考题

（1）收缩包装材料的特性是什么？它为什么具有热收缩性？

（2）膜体积是如何影响收缩效果的？你的结论是什么？

九、注意事项

计算膜最初的体积和温度 110℃、130℃和 160℃下收缩后的体积，需要估计计算带来的复合误差。

实验二十五

塑料薄膜的热封性能试验

热封找出塑料中的分歧者

塑料薄膜有良好的热封性，自身或者与其他薄膜可以完美热封合，可塑料薄膜中也存在着分歧者，自身或与其他塑料薄膜不可封合。

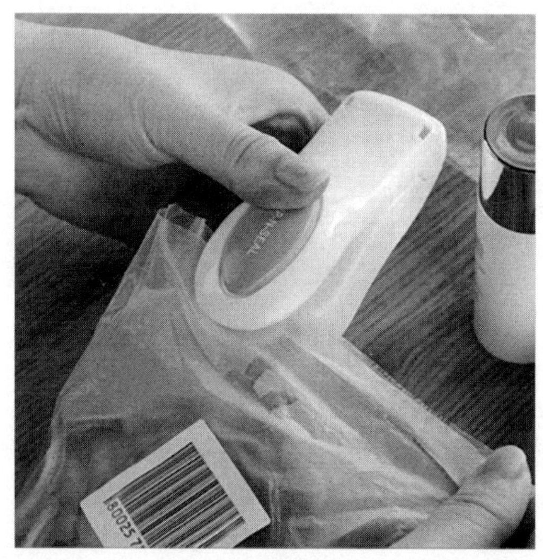

图 1-49 简易热封机

例如：在吃塑料薄膜包装的食品的时候，为防止剩下的食品受潮变质，通常会用打火机烧一下开口，烧完迅速用手捏合开口，开口就会被封上，而且比较难撕开，这其实就是塑料薄膜热封性能的体现。但也不是所有的塑料薄膜都能进行自封。

下面，让我们一起通过实验找出哪些材料能够进行自封，哪些不能。图 1-49 为简易热封机。

一、实验类型

该实验的类型为验证性实验。

二、实验目的与任务

1. 熟悉仪器的原理及使用方法。

2. 掌握塑料薄膜热封性能的测试方法，学习收集试验数据及进行数据处理。

3. 了解和分析试验误差。

三、预习要求

1. 查资料，了解影响塑料薄膜热封性能的因素有哪些。

2. 完成预习报告：实验名称、内容与目的，实验原理与仪器结构，试验方案与试样要求，应记录的实验原始数据名称，实验数据处理的方法，可能出现的实验误差分析（见附录 1）。

四、实验基本原理

热合强度是指规定宽度的热封试样在断裂时所承受的最大荷载，单位为 N/15mm。

五、实验仪器与材料

实验仪器：智能电子拉力机、多功能自动塑料薄膜连续封口机（图 1-50）、热封仪、切纸刀。

实验材料：塑料薄膜。

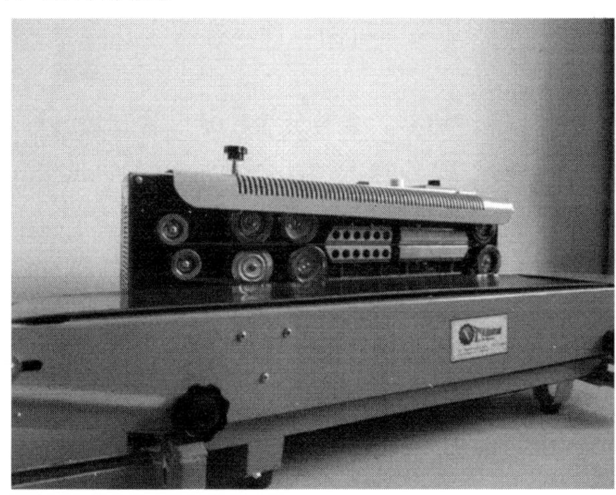

图 1-50　多功能自动塑料薄膜连续封口机

六、实验内容

1. 学会热封仪的使用方法。

2. 测试塑料薄膜的热封性能，找到最佳热封参数。

七、实验步骤

(1) 仪器校准：开机后，应先注意仪器是否正常，然后才可开始做实验。

(2) 打开封口机的电源，将温控器调到所需温度值，打开电热开关，加温到温控器红灯亮，表示所需温度已达到。

(3) 将试样进行试封口，然后视要求调整温度、速度、压力等使之达到理想封口质量，记录封口温度。

(4) 将试样放入封口机进行封口，当进行单层薄膜封口时，应打开风机开关进行冷却。

(5) 封口完毕后，依次关闭电热开关、风机开关、电源开关。

(6) 按 QB/T 2358—1998《塑料薄膜包装袋热合强度试验方法》要求用裁切刀裁下试样：在塑料薄膜包装袋上，与热合部位呈垂直方向上任取试样，试样宽（15±0.1）mm，切取后的展开长度为（100±0.1）mm，共取10个试样。

(7) 按 GB/T 2918—1998 规定的塑料薄膜的标准环境温湿度进行状态调节，时间不少于4h。

(8) 打开电源，出现提示屏；按下“监控”键，出现主屏幕。

(9) 按“移动”键，加亮“清除”项，按两次“监控”键，清除内存数据。

(10) 按“移动”键，加亮“参数设置”项，按“监控”键进入，根据试样的要求改变参数，试验速度为（300±20）mm/min，夹具间距为50mm。

(11) 按“监控”键回主屏幕，按“移动”键，加亮“试验项目”项，按“监控”键进入，选择“热封强度”试验项目。

(12) 按“监控”键回主屏幕，按“试验”键进入“热封强度”试验功能界面。

(13) 按“下降”“微动”“停止”键，装夹试样，试样应装在夹具的中间，不扭曲。

(14) 按“试验”键，进行试验；试验自动完成，仪器自动复位至“待

机”状态，屏幕显示试验数据。

(15) 按“数加”键改变试样编号，重复步骤 (13)、(14)。

(16) 按“监控”键，返回主屏幕，按“移动”键，加亮“打印”键，按“数加”键设置欲打印的试样件号，再按两次“监控”键则开始打印。

(17) 以 10 个试样的算术平均值作为该部位的热合强度。

八、思考题

试样在热封时应注意哪些问题?

九、注意事项

操作时需注意不要烫到手。

实验二十六
塑料薄膜黏合强度

塑料薄膜间的黏合强度

塑料薄膜间存在一定的黏合强度（见图 1-51），或许他们会生死相依地黏合在一起，或许他们永远都不黏合。

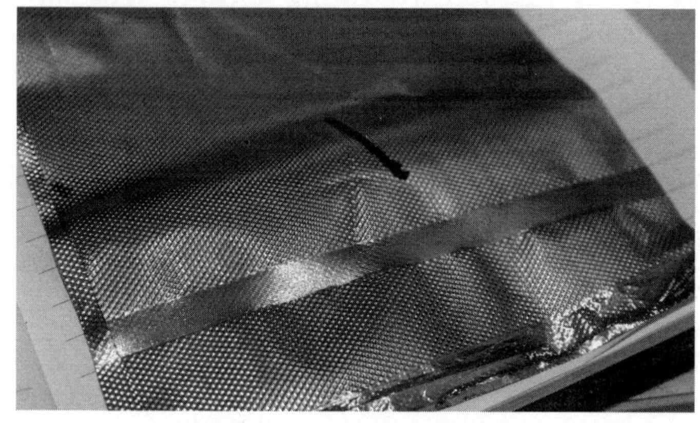

图 1-51　黏合的塑料薄膜

例如：用双面胶带贴在保鲜膜上时，胶带与保鲜膜之间很难分开，可是胶带与其保护纸之间很容易就分开了，这是因为胶带与保护纸的黏合强度小于它与保鲜膜之间的黏合强度。

下面，让我们一起通过塑料薄膜的黏合强度实验，探索不同材料之间的黏合强度。

一、实验类型

该实验的类型为验证性实验。

二、实验目的与任务

1. 熟悉仪器的原理及使用方法。

2. 掌握塑料薄膜黏合强度的测试方法，学习收集试验数据及进行数据处理。

3. 了解和分析试验误差。

三、预习要求

1. 查资料，了解影响塑料薄膜黏合强度的因素有哪些。

2. 完成预习报告：实验名称、内容与目的，实验原理与仪器结构，试验方案与试样要求，应记录的实验原始数据名称，实验数据处理的方法，可能出现的实验误差分析（见附录 1）。

四、实验基本原理

塑料复合材料是由多种塑料材料与其它材料用不同工艺复合而成的。

塑料薄膜黏合强度就是将规定宽度的塑料复合材料，在一定速度下进行 T 型剥离，测定复合层与基材的平均剥离力。试验仪器可选用塑料薄膜拉伸强度试验，也可选用摩擦系数/剥离试验仪。

五、实验仪器与材料

实验仪器：PC 型智能拉力试验机、电子式压缩机、摩擦系数/剥离试验仪（图 1-52）、瓦楞纸板取样器。

实验材料：塑料薄膜。

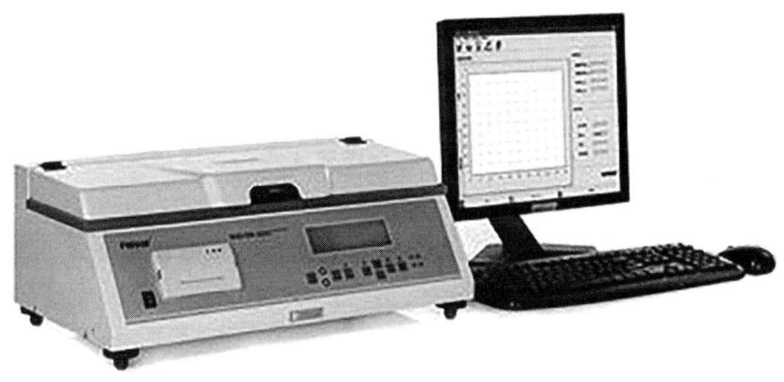

图 1-52 摩擦系数/剥离试验仪

六、实验内容

1. 学会摩擦系数/剥离试验仪、PC型智能拉力试验机的使用方法。

2. 测试复合材料的黏合强度。

七、实验步骤

1. PC型智能拉力试验机

(1) 仪器校准：开机后，应先注意仪器是否正常，然后才可开始做实验。

(2) 实验过程

① 将样品宽度方向两端除去50mm，沿样品宽度方向均匀裁取纵、横试样各5个（复合方向为纵向），试样宽度为（15±0.1）mm，长度为200mm。

② 沿试样长度方向将复合层与基材预先剥开50mm，被剥开部分不得有明显损伤（如试样不易剥开，可将试样一端约20mm浸入适当溶剂中处理）。

③ 按GB/T 2918—1998对塑料薄膜的标准环境温湿度进行状态调节，时间不少于4h。

④ 打开电源，出现提示屏；按下“监控”键，出现主屏幕。

⑤ 按“移动”键，加亮“清除”项，按两次“监控”键，清除内存数据。

⑥ 按“移动”键，加亮“参数设置”项，按“监控”键进入，根据试样的要求改变参数，试验速度为（300±20）mm/min。

⑦ 按“监控”键回主屏幕，按“移动”键，加亮“试验项目”项，按“监控”键进入，选择“复合强度”试验项目。

⑧ 按“监控”键回主屏幕，按“试验”键进入“复合强度”试验功能界面。

⑨ 按“下降”“微动”“停止”键，装夹试样，试样应装在夹具的中间，不扭曲。

⑩ 按“试验”键，进行试验；试验自动完成，仪器自动复位至“待机”状态，屏幕显示试验数据。

⑪ 按“数加”键改变试样编号，重复步骤⑨、⑩。

⑫ 按“监控”键，返回主屏幕，按“移动”键，加亮“打印”键，按“数加”键设置欲打印的试样编号，再按两次“监控”键则开始打印。

⑬ 以 5 个试样的算术平均值作为该部位的复合强度，并给出试验的最大值、最小值。

2. 摩擦系数/剥离试验仪

（1）仪器校准：开机后，应先注意仪器是否正常，然后才可开始做实验。

（2）实验过程

① 依次打开电脑、摩擦系数/剥离试验仪电源，运行摩擦剥离软件，选择操作模式（摩擦试验或剥离试验），再进行参数设定。

② 将试样在标准环境下至少进行 16h 的处理，每次测试取两个 8cm×20cm 的试样。

③ 180°剥离试验：先将试样粘在试样板上，在“夹具放置区”内用强力胶带将试样板（未粘试样的）的一端粘在水平钢带上，试样另一端夹在左剥离夹头上。

T 型剥离（非标准试验）：先将左剥离夹头固定在传感器上，用强力双面胶带将右剥离夹头粘在“夹具放置区”内的水平钢带上，然后将试样两端分别夹在左、右剥离夹头上。

④ 试验完毕后保存数据，退出系统，关闭摩擦系数/剥离试验仪电源。

八、思考题

复合材料的黏合性能与哪些因素有关？

九、注意事项

复合材料两头夹样要在同一条直线上。

实验二十七

塑料板材的压缩强度

塑料板材的貌合神离

塑料板材中也存在着压缩性，有的塑料板材可以形变数米，有的塑料板材却可以坚如磐石，这就是塑料板材中的貌合神离——不同的压缩性能。

例如，游乐场的蹦床和滑梯（图 1-53）。蹦床的床垫是具有很大弹性的树脂垫，小朋友在床面只要轻轻一跳就可以弹很高。但是同样是树脂材料做成的器材，滑梯表面则没有任何弹性，而且表面很硬，具有很强的支撑性。

图 1-53　游乐场的蹦床和滑梯

同样是树脂，为何差别如此之大？这是因为不同的塑料具有不同的性质，这就是塑料的矛盾和统一。

下面，就让我们一起来探讨塑料板材的压缩性能。

一、实验类型

该实验的类型为验证性实验。

二、实验目的与任务

1. 熟悉仪器的原理及使用方法。

2. 掌握塑料板材压缩强度测试方法，学习收集试验数据及进行数据处理。

3. 了解和分析试验误差。

三、预习要求

1. 查资料，了解影响塑料板材压缩强度的因素有哪些。

2. 完成预习报告：实验名称、内容与目的，实验原理与仪器结构，试验方案与试样要求，应记录的实验原始数据名称，实验数据处理的方法，可能出现的实验误差分析（见附录 1）。

四、实验基本原理

实验原理是通过试验仪器对试样施加静态压缩负荷时测定塑料压缩性能。仪器采用的是 WDJ-W 型电子万能试验机，由电脑软件和主机两部分组成。

压缩应力：压缩过程中加在试样上的压缩负荷，除以试样原始截面积。

压缩应变：压缩过程中试样在纵向产生的单位原始高度的变化百分率。

压缩强度：试样在压缩过程中所承受的最大压缩应力。

五、实验仪器与材料

实验仪器：万能材料试验机（图 1-54），取样器。

实验材料：PE 塑料片材、PET 塑料片材。

六、实验内容

1. 学会万能材料试验机的使用方法。

2. 测试 PE、PET 塑料片材的压缩性能。

七、实验步骤

1. 操作步骤

（1）仪器校准：开机后，应先注意仪器是否正常，预热 10min 后，运行配套软件。

（2）按 GB/T 1041—2008《塑料 压缩性能的测定》进行塑料的试样采集：试样应为正方柱体或矩形柱体或圆柱体，试样各处高度相差不大于

图 1-54　万能材料试验机

0.1mm，两端面与主轴必须垂直。圆柱体直径（10±0.2)mm，高（20±0.2)mm；正方柱体横截面边长（10±0.2)mm，高（20±0.2)mm；矩形柱体横截面边长（15±0.2)mm、(10±0.2)mm，高（20±0.2)mm；每组试样不少于 5 个。

（3）按 GB/T 2918—1998 对塑料的标准环境温湿度进行状态调节，时间不少于 4h。

（4）在三个不同形状的试样中分别测量试样的高度、宽度、厚度或直径，精确到 0.05mm，各测三点取算术平均值。

（5）调整试验机的速度为所要求的速度。

（6）把试样放置在两压板之间，并使试样长轴与两压板表面中心连线相重合，保证试样两端面与压板表面平行。

（7）测定压缩强度时，应在试验机上安装测变形的装置，调整试验机。使压板表面正好与试样端面接触，定位变形零点。

（8）开启试验机并记录下列负荷值。

压缩应变达到 25%之前，试样破坏，记录压缩破坏负荷；试样屈服，记录压缩屈服负荷；两者兼有，记录最大负荷。

压缩应变达到 25%，仍不屈服也不破裂的试样，记录定压缩应变为 25%时的压缩负荷。

2. 数据处理

压缩强度、压缩破坏力、压缩屈服力、定应变压缩应力以 σ_0（MPa）表示：

$$\sigma_0 = P/F$$

式中 P——压缩负荷（最大负荷、破坏负荷、屈服负荷或定压缩负荷）值，N；

F——试样横截面面积，cm^2。

八、思考题

影响塑料压缩强度的因素有哪些？

九、注意事项

取样时注意安全。

实验二十八

塑料板材的弯曲强度

塑料板材的千回百转

塑料板材具有一定的弯曲强度（见图1-55），这使得有些塑料板材数次弯折过程中，依然“委曲求全”，保留着实力。而有的塑料板材“宁可玉碎，不可瓦全”，一折即断。

图1-55　弯曲的塑料纸板

例如：有些塑料可以代替金属弹簧起到防震缓冲的效果，而有些塑料板材则可以代替钢筋混凝土，应用在建筑中，起到支撑作用。

下面，我们一起通过本次试验，探究塑料板材的弯曲强度。

一、实验类型

该实验的类型为验证性实验。

二、实验目的与任务

1. 熟悉仪器的原理及使用方法。

2. 掌握塑料板材弯曲强度的测试方法，学习收集试验数据及进行数据处理。

3. 了解和分析试验误差。

三、预习要求

1. 查资料，了解影响塑料薄膜弯曲强度的因素有哪些?

2. 完成预习报告：实验名称、内容与目的，实验原理与仪器结构，试验方案与试样要求，应记录的实验原始数据名称，实验数据处理的方法，可能出现的实验误差分析（见附录 1）。

四、实验基本原理

弯曲试验主要用来检验材料在经受弯曲负荷作用时的性能，生产中常用弯曲试验来评定材料的弯曲强度和塑性变形的大小，是质量控制和应用设计的重要参考指标。弯曲试验采用简支梁法，把试样支撑成横梁，使其在跨度中心以恒定速度弯曲，直到试样断裂或变形达到预定值，以测定其弯曲性能。

在 GB/T 9341—2008《塑料　弯曲性能的测定》中使用的是三点弯曲试验。三点弯曲试验是将横截面为矩形的试样跨于两个支座上，通过一个加载压头对试样加载荷，压头着力点与两个点间的距离相等。在弯曲载荷的作用下，试样将产生弯曲变形。变形后试样跨度中心的顶面或地面偏离原始位置的距离称为挠度，单位 mm。随载荷增加试样挠度也增加。弯曲强度是试样在弯曲过程中承受的最大弯曲应力，单位 MPa。弯曲应变是试样跨度中心外表面上单元长度的微量变化，用无量纲的比或百分数（%）表示。

五、实验仪器与材料

实验仪器：万能材料试验机、取样器。

实验材料：PE 塑料片材、PET 塑料片材。

六、实验内容

1. 学会万能材料试验机的使用方法。

2. 测试 PE 塑料片材、PET 塑料片材的弯曲性能。

七、实验步骤

（1）仪器校准：开机后，应先注意仪器是否正常，预热 10min 后，运行配套软件。

（2）实验步骤

① 每组试样不少于 5 个。

② 按 GB/T 2918—1998 对塑料的标准环境温湿度进行状态调节，时间不少于 4h。

③ 打开操作界面工具栏的设置，进行参数设定。选择试验类型为弯曲试验；然后再点击试样参数，选择试样类型，参数设定里增加记录来确定所做试样的个数，输入试样的宽带、厚度。再点击试验保护，输入试验结束条件，弯曲试验时输入弯曲试验跨度为厚度的 16 倍。

④ 夹试样，选择弯曲试验相应的夹具，并通过手控操作盒来伸降横梁。做弯曲试验时，放试样的跨度为试样厚度的 16 倍（离中心位置则为 8 倍）。

⑤ 选择控制方式，力控制、位移控制、变形控制其中一种（多为位移控制）。选择控制状态，为自动。

⑥ 将力值、位移、变形调零，准备试验。做弯曲试验时先按“↓”，再按“→”运行。试验结束，仪器自动停止，弹出保存界面，保存确定。如试验中需终止试验，按“□”停止运行。

按鼠标右键可查看试验曲线，按试验报告可进行打印。

八、思考题

影响塑料弯曲强度的因素有哪些？

九、注意事项

取样时注意安全。

实验二十九 塑料板材的冲击强度

塑料板材也会坚不可摧

纵横计不就，慷慨志犹存。塑料板材有一定的冲击强度，在一定的冲击力作用下，依然保持着坚不可摧的姿态。

例如：工厂加工了两种不同材料的运输包装箱（图 1-56），两种箱子外形结构完全一致。两种箱子被两家不同的海鲜公司分别选购，A 海鲜公司选择了甲塑料材质的箱子运输海鲜；B 海鲜公司则选择了乙塑料材质的箱子运输海鲜。为了保证海鲜可以安全抵达，B 公司要求加大箱子的厚度。两家公司选择了同一家货运公司。半路中遇到了恶劣天气，箱子在货仓中发生碰撞。到达目的地之后，B 家公司的箱子有一般损坏，A 家公司的箱子虽然壁厚不如 B 家的，但是却完好无损。那么问题来了，为什么乙种材料的箱子厚度更薄，却没有破裂呢?

图 1-56 运输包装箱

下面，让我们一起进行塑料板材的冲击强度试验。

一、实验类型

该实验的类型为验证性实验。

二、实验目的与任务

1. 熟悉仪器的原理及使用方法。

2. 掌握塑料板材冲击强度的测试方法，学习收集试验数据及进行数据处理。

3. 了解和分析试验误差。

三、预习要求

1. 查资料，了解影响塑料板材冲击强度的因素有哪些。

2. 完成预习报告：实验名称、内容与目的，实验原理与仪器结构，试验方案与试样要求，应记录的实验原始数据名称，实验数据处理的方法，可能出现的实验误差分析（见附录1）。

四、实验基本原理

冲击强度是指试样受冲击力破坏所消耗的冲击能与试样试验前最小横截面的比值，单位为 kJ/m^2。

冲击性能试验是在冲击负荷作用下测定材料的冲击强度。它分为两种：简支梁冲击和悬臂梁冲击。

简支梁冲击是使用已知能量的摆锤经一次冲击支承呈水平样的试样并使之破坏，冲击线应位于两支座的正中间，被测试样若为缺口试样，则冲击线应正对缺口，以冲击前后摆锤的能量差确定试样在破坏时吸收的能量，并用试样单位横截面积所吸收的冲击能表示冲击强度。它分为无缺口试样和缺口试样。

悬臂梁冲击是使用已知能量的摆锤一次冲击垂直固定成悬臂梁的试样，测量试样破坏时所吸收的能量。摆锤的冲击线与试样夹具和试样缺口的中心线相隔一定距离。

五、实验仪器与材料

实验仪器：塑料冲击试验机（图1-57）、缺口取样器。

实验材料：PE塑料片材、PET塑料片材。

六、实验内容

1. 学会塑料冲击试验机的使用方法。

2. 测试塑料片材的冲击强度。

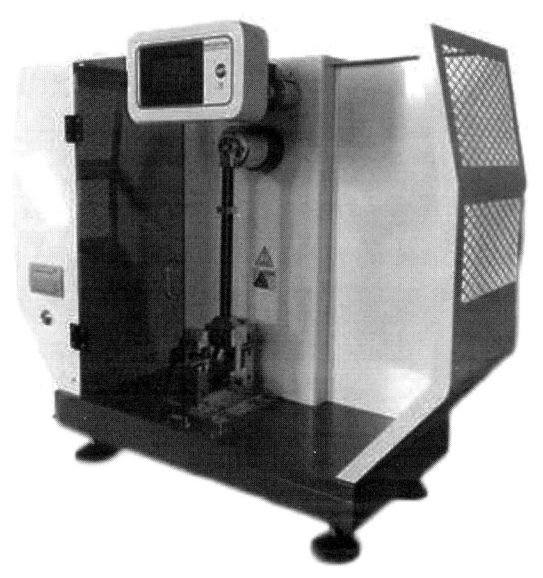

图 1-57 塑料冲击试验机

七、实验步骤

1. 仪器校准

(1) 当摆锤拉起时，应调整仪器表盘内指针是否在零位，然后才可开始做实验。

(2) 应将摆锤连同指针一起释放，记录指针指示的表盘数值，重复三次，以算术平均值表示，要求达到下面所需允差（1kgf=9.8N）。

摆锤数值	允差
40kgf·cm 摆锤	0.8kgf·cm
10kgf·cm 摆锤	0.3kgf·cm
5kgf·cm 摆锤	0.2kgf·cm

2. 实验过程

(1) 按 GB/T 1043—2008、GB/T 1843—2008 进行塑料的试样采集：试样的形状分为五种（A、B、C、D、E 型），一般用机械加工成型；薄片也可用冲刀裁取。取样后应对试样进行检查，其表面应无损伤，内部无缺陷，厚度均匀。

(2) 按 GB/T 2918—1998 进行塑料的标准环境湿度状态调节，时间不少于 8h。

(3) 按简支梁或悬臂梁的要求选择支座，用找正器来安放带缺口的试样。

夹紧试样，将摆锤拉起，指针调零，释放摆锤，冲断试样后，读取数据。

3. 数据处理

① 简支梁冲击强度

无缺口试样

$$E=\frac{A}{b\times d}\times 10^3$$

式中 E——无缺口试样的冲击强度，kJ/m²；

A——试样吸收的冲击能量，J；

b——试样的宽度，mm；

d——试样的厚度，mm。

缺口试样

$$E_K=\frac{A_K}{b\times d_K}\times 10^3$$

式中 E_K——缺口试样的冲击强度，kJ/m²；

A_K——缺口试样吸收的冲击能量，J；

d_K——缺口试样缺口处的剩余厚度，mm。

② 悬臂梁冲击强度

无缺口试样

$$E=\frac{W}{b\times d}\times 10^3$$

式中 E——无缺口试样的冲击强度，kJ/m²；

W——破坏试样所吸收并经修正后的能量，J；

b——试样的宽度，mm；

d——试样的厚度，mm。

缺口试样

$$E_K=\frac{W}{b_K\times d}\times 10^3$$

式中 E_K——缺口试样的冲击强度，kJ/m²；

W——破坏试样所吸收并经修正后的能量，J；

b_K——试样缺口底部的剩余宽度，mm。

八、思考题

影响塑料材料冲击性能试验的因素有哪些？

九、注意事项

1. 机械加工时试样不得有过热现象，冷却剂应不影响试样性能。

2. 对试样制缺口时需注意尺寸的精确。

实验三十
纸的组织特性与力学特性

日常生活中，我们都要用到纸，生活用纸和文化用纸。我们常常会遇见这样的情况：有时我们花费好大的力气，好不容易扯断了一段纸，但是当我们换个方向，换成纵向，却不费吹灰之力就拉断了，这是为什么呢？难道撕纸也是有技巧的么？原来纸张的纤维排布是有方向性的，如果顺着纤维的方向撕纸就如同沿着木头的纵向砍树，比沿着横向砍所用的力气小很多，同时也节省了很多时间。所以，本次试验我们要探究纸张的纤维排布，研究纸张的受力特点。纤维在生活中的应用见图 1-58。

图 1-58　不同纤维方向在生活中的应用

一、实验类型

该实验的类型为验证性实验。

二、实验目的与任务

1. 熟悉仪器的原理及使用方法。

2. 掌握纸张组织特性的测试方法，学习收集试验数据及进行数据处理。

3. 了解和分析试验误差。

三、预习要求

1. 查资料，了解影响纸张的组织特性的因素有哪些?

2. 完成预习报告：实验名称、内容与目的，实验原理与仪器结构，试验方案与试样要求，应记录的实验原始数据名称，实验数据处理的方法，可能出现的实验误差分析。

四、实验仪器

智能电子拉力机。

五、实验步骤

1. 选（制）取样品

（1）拉力值测试

测试时，切取 15mm×250mm 试样，纵、横向各 10 条，然后将试样夹调至 180mm，然后逐条测试，记录下抗张力大小和伸长值，然后计算平均值。

（2）抗压强度

测试时，切取 12.7mm×152mm 试样，纵、横向各 10 条，然后将试样首尾粘接，制成圆环置入测试圆盘中央测试，记录下压力值大小，然后计算平均值。

2. 实验过程

（1）拉力值测试

打开控制面板的电源开关，此时各按钮、指示灯及各控制电器处于通电状态。根据夹具正确装置纸张试件。将拉力试验机上、下行程调整至 150mm，将测试速度调节至 300mm/s。最后按下上升或下降按钮，使中联板上升，记录下纸张的拉力数值和伸长率。

（2）抗压强度

将待测试样置于中心盘，按下启动按钮，进行抗压强度测试，记录显示屏的抗压强度值。

六、数据处理与报告整理

将所得数据取平均值，得到原纸的纵、横向拉力及纸张的抗压强度。

七、思考题

纸张的纵、横向拉力之间的关系？

实验三十一
纸的环压性能试验

让纸立起来

幼儿园小朋友做过一个小实验：让一张纸直立起来（见图 1-59）。这个小实验的正确操作方法是把纸张折叠一下，或者使用一个胶带，将纸的首尾封合起来做一个纸环。这样，一张纸就可以立起来了。那么，我们思考一个问题，为什么纸张不能在没有任何操作处理的条件下直立起来，却可以在处理之后轻松的直立起来？原来纸张具有环压强度，只不过在未处理之前没有进行纸张重量的平均分摊，导致头重脚轻，所以难以直立，下面的实验我们就来探讨一下纸的环压强度。

图 1-59　立起来的纸

一、实验类型

该试验为验证性试验。

二、实验原理

环压强度为纸张的环形试样边缘受压直至压溃时所能承受的最大力值，以 kN/m 表示。将一定尺寸的试样插入圆形托盘内，使试样侧边形成圆形环，然后放入压缩仪的压板上进行电动匀速压缩，当试样压溃时所显示的数值，即为环压强度。

原纸的紧度、定量在很大程度上影响着其环压强度。环压强度好的纸，环压指数相应也高。

三、实验材料及仪器

原纸，环压强度测试仪（HD-513E)。

四、实验步骤

(1) 选（制）取样品

测试时，切取 12.7mm×152mm 试样，纵、横向各 10 条，然后将试样首尾粘接，制成圆环置入测试圆盘中央测试，记录下压力值大小，然后计算平均值。

(2) 仪器使用与操作

启动机器，复原机器设置，将仪器测试项目调至原纸“环压强度”。调整圆盘之间的间距，使上圆盘上升至顶端，将待测试样置于圆盘中央，按动“测试”按钮开始测试纸张的环压强度，屏幕显示纸张的环压强度大小，记录数值。重复试验，测量出纸张的纵、横向环压强度。

(3) 记录数据

从仪器的显示屏幕记录下原纸的纵、横向环压强度，并计算平均值。

五、思考题

1. 影响纸张环压强度的因素有哪些？
2. 纸张纵、横向环压强度之间的差异及原因？

实验三十二

不同楞形瓦楞纸板受力试验

不同楞型瓦楞纸箱的应用

生活中我们都要用到瓦楞纸箱（图 1-60），不同的内装物要使用不同的瓦楞纸箱。承装体积大、质量重内装物的瓦楞纸板和承装体积小、质量轻的内装物的瓦楞纸板，在纸板厚度、硬度和挺度之间都有很大的不同。例如，承装家用电器的瓦楞纸板的瓦楞楞形较大，瓦楞层数也较多；然而，生活中一些承装食品等质量较轻的瓦楞纸板的瓦楞楞形则较小，瓦楞层数较少。因此，可以推断，瓦楞纸板的不同楞形和内装物的质量和体积有关，那么，这中间又有哪些紧密的关联呢？所以，本次实验中，我们来探究不同瓦楞楞形的受力情况。

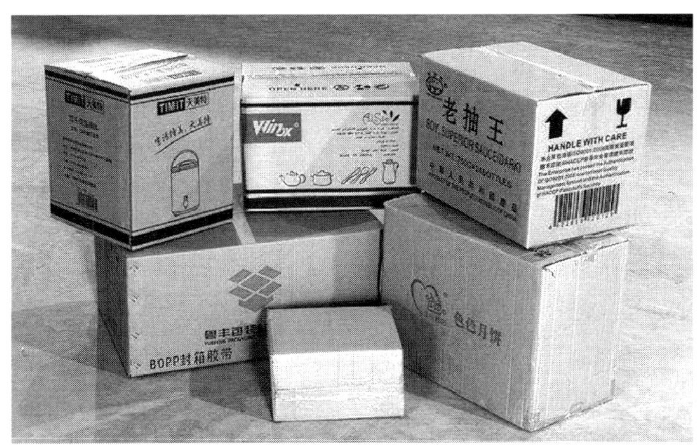

图 1-60　瓦楞纸箱

一、实验类型

该试验为验证性试验。

二、实验原理

根据瓦楞的齿形分类，瓦楞纸板可以分为V、U、UV型三种类型；根据瓦楞的高度、单位长度、瓦楞个数，可以将瓦楞分为A、C、B、E、F五种。

纸板边压强度是一定宽度的试样，在单位长度上所能承受的压力，它是指承受平行于瓦楞方向压力的能力。环压强度表示纸板边缘承受压力的性能，是箱纸板和瓦楞原纸的重要强度指标。纸板环压强度影响瓦楞纸板的边压强度，而瓦楞纸板的边压强度将对纸箱的整体抗压强度产生重要影响，以kN/m表示。边压强度是影响纸箱抗压强度的重要因素之一，它是瓦楞纸板生产过程中主要的质量控制项目，通过边压强度可以预测纸箱抗压强度，以N/m表示。纸板环压强度是指将一定尺寸的试样，插在试样座内形成圆环形，在上下压板之间施压，试样被压溃前所承受的最大力。平压强度是指一定规格的试样在槽纹仪上起楞后用胶黏带粘成单面瓦楞，在压缩试验仪上进行压缩，直至压溃时所能承受的最大压缩力，以kPa表示。

三、实验材料及仪器

各种楞形的瓦楞纸板，环压强度测试仪，边压强度测试仪，槽纹仪。

四、实验步骤

1. 选（制）取样品

环压强度测试时，将纸板裁剪成12.7mm×152mm大小的试样10个；

边压强度测试时，将纸板裁剪成100mm×250mm大小的矩形纸板；

平压强度测试时，将纸板裁剪成$32cm^2$或$64cm^2$大小的三角形。

2. 实验过程

（1）瓦楞纸板环压强度

将试样插入试样座内，形成圆环形。启动机器，复原机器设置，将仪器测试项目调至原纸“环压强度”。调整圆盘之间的间距，使上圆盘上升至顶端，将待测试样置于圆盘中央，按动“测试”按钮开始测试纸板的环压强度，屏幕显示纸板的环压强度大小，记录数值。重复试验，测量出纸板的纵、横向环压强度。

（2）瓦楞纸板边压强度

将准备好的试样置于抗压强度测试上下压板之间，并用两只导块夹住，

两头平齐。按下仪器上的“测试”键开始测试。试样压溃时会在数显器上显示测试值，依次测试所有试样得到一组测试值。

（3）瓦楞纸板的平压强度

将准备好的符合测试标准的瓦楞纸板试样放入到压缩强度仪器下压板中间，设置相应参数，然后开动传感器感应式压缩强度仪，试样被压溃并且仪器归位后停止仪器。记录显示器数据。

五、数据处理与报告整理

将所得所有数据整理，取平均值，得到瓦楞纸板的环压、边压和平压强度值。

六、思考题

瓦楞纸板楞形与强度之间的关系。

实验三十三 瓦楞纸板的环压、边压强度比较试验

纸板的环压和边压

生活中我们常见的纸板，将其卷起做成纸筒能够直立起来并且竖放时可以承受较大的重量，一些纸筒竖放捆在一起可以很轻易地承受一个成年人的体重而不会发生变形坍塌，而相同数量的纸板竖放时则不能直立起来也不能承受成年人的重量。类似的现象，将 A4 纸以长边的方向弯成一个圆柱体，竖放可以承受一个练习簿甚至一本书的重量，而单独的一张 A4 纸则完全没有支撑能力。

上述现象的本质是纸板的环压强度和边压强度的问题，本实验将进行纸板的环压强度和边压强度的探讨。

一、实验目的

1. 熟悉仪器的原理及使用方法。

2. 掌握纸板环压强度和瓦楞纸板边压强度的测试方法，学习收集试验数据及进行数据处理。

二、实验原理

环压强度是指在一定速度下，使环形试样平行受压，压力逐渐增加至试样压溃时的压力，单位为 kN/m；常用于纸板的测量。

边压强度是指瓦楞纸板垂直于瓦楞方向的最大抗压能力。

三、实验材料及仪器

实验材料：普通纸板和瓦楞纸板。

实验仪器：电子式压缩试验仪、环压取样器、环压座、可调距切纸刀、边压取样器、边压导块。

四、实验步骤

1. 环压强度

(1) 仪器校准：测量环压强度时，采用环压取样器取出试样，要求长边的不平行度小于 0.015mm。试样放在环压座内，中心盘应根据试样厚度选用。

(2) 实验步骤

① 按 GB /T 450—2008 进行纸与纸板的试样采集。

② 按 GB/T 2679.8—2016《纸与纸板　环压强度的测定》要求制备试样：从取样器上取下长（152±0.2)mm、宽（12.7±0.1)mm 的试样，各取 10 个。

③ 按 GB/T 10739—2002 进行纸和纸板的湿温度处理。

④ 将试样放入环压座中（注意应按试样的厚度正确选用环压内盘）。

⑤ 调整试验仪零点，开启电机，调整上压板至适当位置，然后按“复位”键，以记录上压板的起始位置并清除以前的实验数据。

⑥ 按“测试”键，使上压板均匀下降压缩试样，直至试样被压溃，记录读数，上压板自动回到起始位置。

⑦ 更换试样，重复步骤④、⑥进行试验，直到 10 个试样全部测试完，然后按“打印”键，打印出实验数据。

2. 边压强度

(1) 仪器校准：同纸与纸板环压强度实验的仪器校准。

（2）实验步骤

① 按 GB 450—2008 进行纸与纸板的试样采集。

② 按 GB/T 6546—1998《瓦楞纸板边压强度的测定法》要求裁下试样：切取瓦楞方向为短边的矩形试样，尺寸（25±0.5）mm×（100±0.5）mm，至少切取 10 个试样。

③ 按 GB 10739—2002 进行纸和纸板的湿温度处理。

④ 去掉调整定位板，按试样要求切出一个基准端面（注意瓦楞槽纹方向与刀口垂直）。

⑤ 将调整定位板按试样要求固定在底板上，将切好的基准面与之靠实，切下试样。

⑥ 将切好的试样用边压导块夹好对齐，放在电子压缩试验仪的上下压板之间。

⑦ 调整试验仪零点，开启电机，调整上压板至适当位置，然后按“复位”键，以记录上压板的起始位置并清除以前的实验数据。

⑧ 按“测试”键，使上压板均匀下降压缩试样，甚至试样被压溃，记录读数，上压板自动回到起始位置。

⑨ 更换试样，重复步骤⑦、⑧进行试验，直到 10 个试样全部测试完，然后按“打印”键，打印出实验数据。

五、分析计算

环压强度：

$$R_{环}=\frac{F}{152}$$

式中 $R_{环}$——环压强度，kN/m；

F——试样压溃时读取的力值，N；

152——试样的长度，mm。

环压指数：

$$R_{d}=\frac{1000R_{环}}{W}$$

式中 R_{d}——环压指数，N·m/g；

$R_{环}$——环压强度，kN/m；

W——试样的定量，g/m^2。

边压强度：
$$R_{边}=\frac{F}{L}$$

式中　$R_{边}$——边压强度，kN/m；

F——试样压溃时读取的力值，N；

L——试样长边的尺寸，mm。

六、结果整理与完成报告

实验三十四 塑料薄膜拉力试验

薄膜的拉伸

塑料薄膜是我们生活中常见的物品，若用力从两端拉扯塑料薄膜时会发现，横向和纵向拉体验是不同的，纵向比横向更抗拉，而且伸长率也较横向大。

生活中我们也能简易的做这样一个小实验，用塑料保鲜膜包装食品（见图 1-61）时，一般是沿纵向方向包裹食品，当施加的力达到一定的程度，塑料薄膜袋就会破裂。

本试验将进行塑料拉力试验，探究拉断塑料所需要的力。

图 1-61　保鲜膜包装食品

一、实验目的

1. 熟悉仪器的原理及使用方法。

2. 掌握塑料拉力的测试方法，学习收集试验数据及进行数据处理。

二、实验原理

在规定的试验温度、湿度与拉伸速度下，通过对塑料试样的纵轴方向施加拉伸载荷，使试样产生形变直至材料破坏。记录下试样破坏时的最大负荷和对应的标线间距离的变化情况（在带微机处理器的电子拉力机上，只要输入试样的规格尺寸等有关数据和要求，在拉伸过程中，传感器把力值传给电脑，电脑通过处理，自动记录下应力-应变全过程的数据，并把应力-应变曲线和各测试数据通过打印机打印出来）。

三、实验材料及仪器

实验材料：塑料薄膜。

实验仪器：塑料拉力试验机（图 1- 62）。

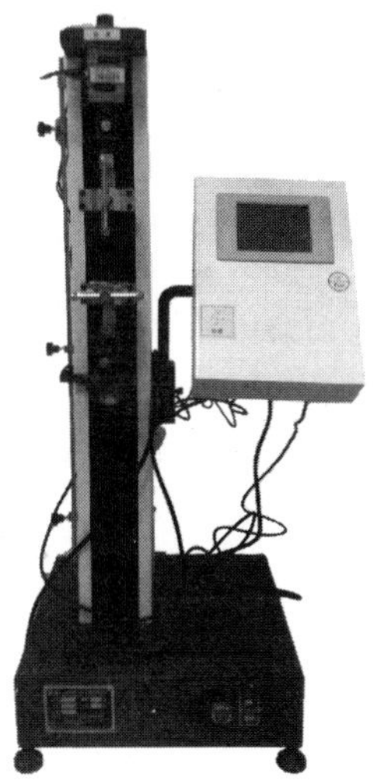

图 1-62　塑料拉力试验机

四、实验步骤

1. 实验条件

（1）试验速度（空载）A：105mm/min；B：505mm/min；C：10010mm/min 或 25050mm/min。

① 热固性塑料、硬质热塑性塑料，用 A 速。

② 伸长率较大的硬质、半硬质热塑性塑料（如 PP、PA 等），用 B 速。

③ 软板、软片和薄膜用 C 速。相对伸长率＜100％的实验速度为 10010mm/min，相对伸长率＞100％的实验速度为 25050mm/min。

（2）测定模量时可用 1～5mm/min 的拉伸速度，其变形量应准确至 0.01mm。

2. 以机械式拉伸试验机为例：按 GB/T 2918—1998 的规定调节试验环境，处理试样。

（1）试样预处理

将试样置于小的环境中，使其表面尽可能暴露在环境里。不同厚度 d 的试样处理时间如下：d＜0.25mm 的试样，处理时间不少于 4h；0.25mm＜d＜2mm 的试样，处理时间不少于 8h；d＞2mm 的试样，处理时间不少于 16h。

（2）测量试样的厚度和宽度

模塑试样和板材试样准确至0.05mm；片材试样厚度0.01mm；薄膜试样厚度0.001mm；每个试样在距标线距离内测量三点，取算术平均值。

（3）按所选择的速度开动机器，进行拉伸试验。

（4）试样断裂后读取负荷及标距间伸长，或读取屈服时的负荷。若试样断裂在标距外的部位，则此次试验作废，另取试样补做。

（5）测定模量时应记录负荷及相应变形量，做出应力-应变曲线。

（6）记录试验数据。

五、数据处理与完成报告

六、注意事项

1. 测试伸长时应在试样上被拉伸的平行部分作标线，此标线对测试结果不应有影响。

2. 用夹具夹持试样时要使试样纵轴方向中心与上、下夹具中心连线相重合，并且松紧适宜，不能使试样在受力时滑脱或夹持过紧，在夹口处损坏试样。夹持薄膜试样要求在夹具内衬垫橡胶之类的弹性薄片。

实验三十五

不同塑料包装容器的热收缩性能（热塑性）试验

塑料瓶的“热”与“冷”

在现实生活中，大家有没有发现当使用相同材质的塑料瓶装冷饮与热饮时，塑料瓶的状态是不同的。当装热饮时，塑料瓶会急剧收缩；当装冷饮时，塑料瓶在外层会产生一层水雾。大家有没有考虑过这是为什么呢？其实，这和不同类别塑料瓶在不同温度下的收缩性能有关。所以本次实验就让我们一起来探索包装容器（塑料瓶）不同类别与温度的收缩性能实验，从图1-63可以看出塑料的热收缩性能。

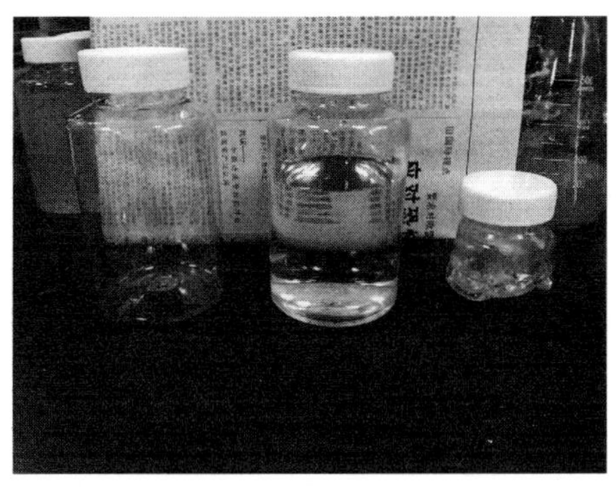

图 1-63　从左到右依次为未装水、装凉水、装热水的塑料瓶子

一、实验类型

该实验的类型为综合性实验。

二、实验目的与任务

1. 熟悉塑料包装容器的热收缩性。

2. 熟悉塑料包装容器热收缩原理及在不同饮料（冷饮热饮）中的使用方法。

3. 掌握塑料包装容器热收缩的测试方法，学习收集实验数据及进行数据处理。

4. 了解和分析实验误差。

三、预习要求

1. 了解塑料软包装相关知识。

2. 查资料，了解影响塑料包装容器热收缩性的相关因素。

3. 完成预习报告：实验名称、内容与目的，实验原理与仪器结构，实验方案与试样要求，应记录的实验原始数据名称，实验数据处理的方法，可能出现的试验误差分析。

四、实验基本原理

塑料包装容器会根据要包装的液体及固体食品的温度选择材料，同时不同的塑料包装在不同温度下会有不同的热收缩性。

五、实验仪器与材料

实验仪器：温度计、加热器、恒温箱。

实验材料：塑料饮料瓶。

六、实验内容

学会操作加热器、恒温箱，掌握塑料包装容器的热收缩性实验方法。

七、实验步骤

1. 观察和测试热收缩过程。

2. 仪器操作步骤

① 连接：接通加热器、恒温箱，确认数据处理器和测量探头的电源是否处于 OFF（O）状态，观察仪器是否正常。

② 确定与放置塑料包装容器：选择热灌装和冷罐装两种塑料包装。

③ 接通电源加热：将电源开关接入电源，加热，也可以利用水加热。

④ 观察与记录：变形过程。

⑤ 测量：测量温度、变形、尺寸。

⑥ 关闭电源。

3. 数据处理

进行热收缩性计算、处理数据，分析结果。

八、思考题

分析热灌装和冷罐装两种塑料包装为什么有收缩性的差别。

九、注意事项

1. 必须预习，在熟悉仪器性能的基础上，方能开始仪器实验。
2. 仪器因某种原因失控而发生超量运行或其他故障时，应立即停机。
3. 不得随意调动各旋钮及调节部分，严格按操作规程操作。

第二章 包装印刷

实验一

丝网印刷实验

皮影戏与丝网印刷的“不解之缘”

皮影戏（图 2-1），是一种用蜡烛或燃烧的酒精等光源照射兽皮或纸板做成的人物剪影以表演故事的民间戏剧。表演时，光线从皮影的镂空处透过，照射到幕布上，观众就可以看到各种各样、活灵活现的影子。与此类似，丝网印刷以丝网作为版基，通过透过网眼的开合，控制油墨的印刷位置，实现大批量、低价格、颜色鲜艳的印刷方式。

图 2-1　皮影戏

一、实验类型

该实验的类型为综合验证性实验。

二、实验目的与任务

1. 了解丝网印刷原理。

2. 掌握丝网印刷工艺。

三、预习要求

1. 了解丝网印刷工艺及印刷品相关知识。

2. 查资料，了解影响印刷品质量的因素有哪些。

3. 完成预习报告：实验名称、内容与目的，实验原理与仪器结构，实验方案与试样要求，应记录的实验原始数据名称，实验数据处理的方法，可能出现的试验问题。

四、实验基本原理

丝网印刷是指用丝网作为版基，并通过感光制版方法，制成带有图文的丝网印版。丝网印刷由五大要素构成，丝网印版、刮板、油墨、印刷台以及承印物。利用丝网印版图文部分网孔可透过油墨，非图文部分网孔不能透过油墨的基本原理进行印刷。印刷时在丝网印版的一端倒入油墨，用刮板对丝网印版上的油墨部位施加一定压力，同时朝丝网印版另一端匀速移动，油墨在移动中被刮板从图文部分的网孔中挤压到承印物上。

五、实验仪器与材料

实验仪器：丝网印刷机（图 2-2）。

实验材料：纸张、油墨。

六、实验内容

丝网印刷机的操作。

七、实验步骤

① 制作丝网印版：用张网机把网布夹紧，先拉经线，后拉纬线，将网布与框架用黏合剂粘牢，并涂布感光乳剂。

② 曝光：把掩膜紧贴乳胶面，放入曝光机中利用 UV 光照射掩膜。

③ 现象：用水冲洗丝网印版，除去未曝光乳剂，并烘干。

④ 印刷：将承印物置于印版下方，固定丝网印版，调节丝网印版高度，加入油墨颜料，用刮板刮压油墨，抬起丝网印版，烘干，完成印刷。

⑤ 检查：检查印刷质量。

图 2-2 丝网印刷机

八、注意事项

1. 必须预习，在熟悉仪器性能的基础上进行印刷试验。

2. 仪器因某种原因失控而发生超量运行或其他故障时，应立即停机。

3. 不得随意调动各旋钮及调节部分，严格按操作规程操作。

九、实验报告要求

1. 书写用纸为物理实验报告纸，每个实验一份实验报告。

2. 实验报告的书写在文字方面有较严格的要求，应该做到：叙述简明扼要，文字通顺，条理清楚，字迹工整，图标清晰。

3. 实验报告格式要求：实验名称与目的，实验人姓名等相关信息与实验时间，实验设备名称、型号与实验条件，实验原始数据记录，实验数据处理与结果。

4. 对实验中出现的问题加以分析，提出自己的看法与建议，回答思考题。

实验二

印刷（品）色差测定实验

生活中的色差

相信大家有这样的经历，在服装店买了一件颜色很好看的衣服，但是回家发现衣服的颜色有点不对，没有在服装店时好看了。或者，网上购物的时候和卖家说买红色的玩具，但收到货发现是粉红的玩具。或者，相机拍了好看的照片，但打印出来后发现颜色变得很难看。难道是衣服、玩具或者照片的颜色发生了变化？

下面就让我们通过实验了解一下什么是色差。

一、实验类型

该实验的类型为综合验证性实验。

二、实验目的与任务

1. 熟悉色差仪的原理及使用方法。

2. 掌握印刷品颜色色差的测试方法，学习收集实验数据及进行数据处理。

3. 了解和分析实验误差。

三、预习要求

1. 了解印刷色差相关知识。

2. 查资料，了解影响印刷品颜色色差的因素有哪些。

3. 完成预习报告：实验名称、内容与目的，实验原理与仪器结构，实验方案与试样要求，应记录的实验原始数据名称，实验数据处理的方法，可能出现的试验误差分析。

四、实验基本原理

1. 印刷色差测试原理：分光测色仪通过测量物体反射光的相对光谱功率分布，得到物体表面的反射光谱，再与 CIE 光谱三刺激值加权相乘，积分后求出样品表面颜色的三刺激值、色坐标、色差等其他参数。

2. 自动比较样板与被检印刷品之间的颜色差异，输出 CIE L、a、b 三组数据和比色后的$\triangle E$、$\triangle L$、$\triangle a$、$\triangle b$ 四组色差数据，提供配色的参考方案。

五、实验仪器与材料

实验仪器：CR-400/410s 色彩色差计（图 2-3）。

实验材料：印刷品。

六、实验内容

学会操作丝网印刷机、使用色彩色差计测试印刷品的色差。

七、实验步骤

1. 仪器操作步骤

① 连接：确认数据处理器和测量探头的电源是否处于 OFF（○）状态。用配件 RS-232C 电缆，连接数据处理器和测量探头。

② 电源 ON：将电源开光滑向“I”侧，接入电源。

③ 校正：按下 Calibrate 键，将测量探头垂直放在白色校正板上，然后

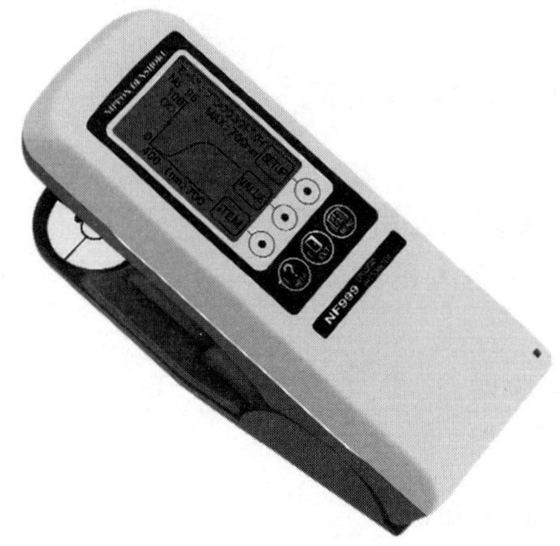

图 2-3　CR-400/410s 色彩色差计

按下 Measure Euter 按钮。确认与白色校正板中的数据相同。灯闪 3 次后完成校正，切换到测量页面。

④ 标准色的测量：按下 Target 键，将测量探头垂直放在标准色样品上，然后按下 Measure Enter 按钮。灯闪后测量标准色样品。测量完毕后，按下 Measure Enter 按钮。完成音响起，切换到测量页面。

⑤ 色差的测量：将测量头垂直放在印刷样品上，然后按下 Measure Enter 按钮。灯闪后对样品进行测量并显示色差结果。如果要继续测量其它标准色及色差，则重复上述“标准色的测量”之后的步骤。若要更改显示页面，按下 Display 键。

2. 数据处理

根据色差计测色后显示的数据结果，进行如下分析：

ΔE：总色差的大小

$\Delta E=(\Delta L+\Delta a+\Delta b)/2$

$\Delta L=L_{样品}-L_{标准}$（明度差异）

$\Delta a=a$

八、思考题

分析印刷品颜色色差对印刷品质量有什么影响。

九、注意事项

同第二章，实验一。

十、实验报告要求

同第二章，实验一。

实验三

喷绘设计与印刷试验

广告与喷绘

大家经常看到各种户外巨幅广告（图 2-4），色彩艳丽、图像精美。但是近距离观看的时候，我们会发现巨幅广告的画面分辨率很低，是由一个个色块构成的，并不精细。这种巨幅广告是如何制作的呢？

图 2-4　户外巨幅广告

一、实验类型

该实验的类型为综合验证性实验。

二、实验目的与任务

1. 熟悉喷绘的原理及使用方法。

2. 学习喷绘照片的前处理，掌握喷绘机的操作流程。

三、预习要求

1. 了解喷绘的应用领域。

2. 查资料，了解喷绘的特点、优势和不足。

3. 完成预习报告：实验名称、内容与目的，实验原理与仪器结构，实验方案与试样要求，实验原始数据，可能出现的试验问题分析。

四、实验基本原理

喷绘的原理：以伯努利原理工作的虹吸压力吹喷技术形成。

（1）伯努利原理：流体速度越大，压力则越小。

（2）虹吸压力吹喷技术：气体处 A 点受压力通过水平吸管，B 处形成低压，把瓶中液体经 C 管抽上形成雾化，两支相互垂直固定在一起的开口吸管，其中一支插入固定瓶中，液体在两管相交处被气流冲击而形成雾状，喷射出来。

（3）喷笔也是基于这一原理而设计，只是喷笔配有更精密、完善的设计元件，可以自由调节液体的浓度而获得细密、均匀的颜色喷样。

五、实验仪器与材料

实验仪器：喷绘机（图 2-5）。

实验材料：喷绘油墨、纸张和薄膜。

图 2-5　喷绘机

六、实验内容

学会喷绘机的操作。

七、实验步骤

1. 仪器操作步骤

① 连接：通过数据线连接喷绘机和电脑主机，喷绘机与电脑建立数据联系。

② 电源：先打开电脑主机电源，然后打开喷绘机的电源开关，喷绘机自动校准喷头位置，再依次打开吸风开关、烘烤机开关、送料电机开关和加热开关。

③ 喷绘准备：打开喷绘软件，新建喷绘操作文件，设置纸张大小，载入照片，分色，调整图片位置和大小等参数。

④ 添加油墨：检查喷绘机油墨情况，向喷绘机的油墨中加入 CMYK 四色油墨。

⑤ 喷绘：清洗喷头，打印喷头测试样条，检查样条无问题后，通过电脑软件向喷绘机传输喷绘数据，进行喷绘。

⑥ 关机：保存喷绘软件数据，关闭吸风开关、烘烤机开关、送料电机开关和加热开关。

2. 数据处理

测量喷绘样品的色差数据结果，评价样品质量。

八、思考题

分析影响喷绘印刷品质量的因素。

九、注意事项

同第二章，实验一。

十、实验报告要求

同第二章，实验一。

第三章 包装工艺

实验一

扭结裹包工艺实验

仿人手的机构

不知道大家洗衣服的时候有没有发现，拧干衣服的时候，必须双手相反用力。扭结包装也是如此。手工操作时，两端扭结的方向相反，机器操作时，其方向一般是相同的。单端扭结用得较少，用于高级糖果、棒糖、水果和酒类等。扭结式裹包的操作方法虽然简单，但因为生产量大，要求速度快，用手工操作时，工人的手快速重复一种扭结动作，长年累月容易患手指关节炎；另一方面，用手直接接触食品，不符合卫生要求。由于上述原因的存在，大部分扭结式裹包产品，如糖果、冰棒、雪糕等食品包装都已实现了机械化，所以才有了机械化扭结工艺，其实这就是一个仿制人手工艺的机械手设备。

扭结示意见图 3-1。

图 3-1　扭结示意

一、实验类型

该实验的类型为验证性实验。

二、实验目的与任务

熟悉扭结糖果包装机的原理及使用方法。

三、预习要求

1. 查资料，了解扭结糖果包装机的规格及参数。

2. 掌握扭结糖果包装工艺。

3. 完成预习报告：实验名称、内容与目的，实验原理与仪器结构，实验方案与试样要求，应记录的实验原始数据名称，实验数据处理的方法，可能出现的试验误差分析（见附录1）。

四、实验基本原理

利用柔性包装材料对糖果进行裹包扭结完成包装。

五、实验仪器与材料

实验仪器：JF-SN600双扭结糖果包装机（图3-2）。

实验材料：糖果模型、柔性包装材料。

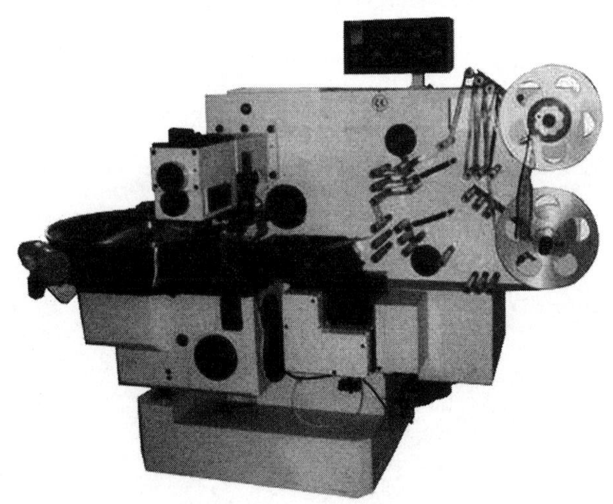

图3-2 JF-SN600双扭结糖果包装机

六、实验内容

1. 学会使用双扭结包装机包装糖果模型。

2. 分析扭结糖果包装工艺。

七、实验步骤

① 放置糖果模型。

② 安装两种柔性包装材料。

③ 调整切纸刀具。

④ 调试给料机构。

⑤ 记录包装过程。

八、注意事项

1. 必须预习，在熟悉仪器性能的基础上，方能开始仪器试验。

2. 仪器因某种原因失控而发生超量运行或其他故障时，应立即停机。

3. 不得随意调动各旋钮及调节部分，严格按操作规程操作。

九、实验报告要求

1. 实验报告

画出工艺路线简图。

画出糖果模型结构。

测量糖果和包装尺寸（内外包装）。

2. 实验报告的书写要求 ：叙述简明扼要，文字通顺，条理清楚，字迹工整，图标清晰。

3. 实验报告格式要求：实验名称与目的，实验人姓名等相关信息与实验时间，实验设备名称、型号与实验条件，实验原始数据记录，实验数据处理与结果，实验误差分析。

实验二

枕式包装工艺实验

枕式包装的应用

枕式包装（图 3-3）适合于食品行业、药品行业、日用品、一次性用品、五金制品、塑料制品、玩具文具、工业用品、工业零件、汽车配件。

那么问题来了，什么叫枕式包装？通俗来说，枕式包装就是将要包装的物料包装的像一块枕头一样的包装工艺，是不是很形象呢？而且包装袋的两端通过热封之后的剪裁，形成锯齿形状。

图 3-3　枕式包装示意

一、实验类型

该实验的类型为综合性实验。

二、实验目的与任务

熟悉自动枕式包装机的原理及使用方法。

三、预习要求

1. 查资料，了解自动枕式包装机的结构及工作原理。

2. 完成预习报告：实验名称、内容与目的，实验原理与仪器结构，实验方案与试样要求，应记录的实验原始数据名称，实验数据处理的方法，可能出现的试验误差分析（见附录1）。

四、实验基本原理

自动枕式包装机的包装纸膜卷安装于轴辊上，被包装物件放置于加料器中（对于无规则形状的物件需用手工加料），输送带自动将被包装物件输送到包装位置，包装在纸膜中，然后经过加热后压合成型，送至横封切刀处热合横封，切断，再由输送带输出成品。

五、实验仪器与材料

实验仪器：KD-350自动枕式包装机（图3-4）。

实验材料：食品类的饼干、面包、月饼、糖果等。

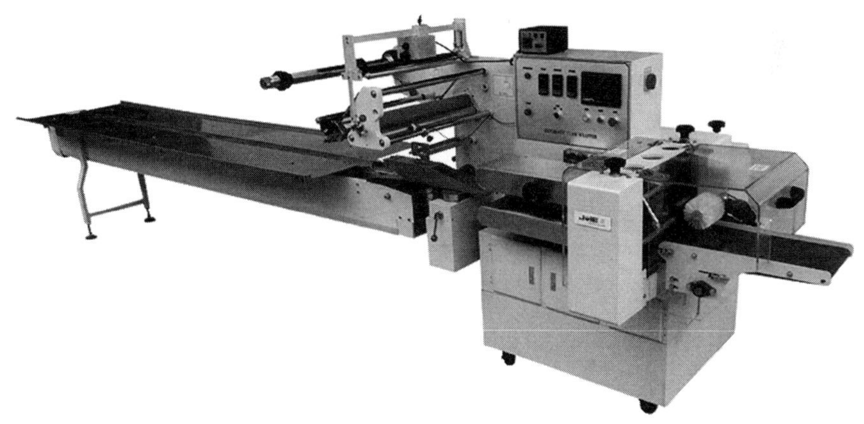

图3-4 KD-350自动枕式包装机

六、实验内容

学会使用自动枕式包装机包装各类固态、有规则的产品。

七、实验步骤

1. 机器调整

① 进料机构：当被包物确定后，首先调整进料机构导料槽的宽度，使被包物能在导料槽中顺畅移动即可。

② 送纸机构：包装膜卷安装在具有自动对中夹紧的辊筒上后，将薄膜按照一定的路径绕行。

③ 制袋器：制袋器的宽度宜以被包物的宽度，再略加上约 5mm 余隙为宜。制袋器高度调整时，松开制袋器固定手轮，通过上下移动制袋器来调整高度尺寸，制袋器的高度宜以被包物的高度，再略加 5mm 余隙为宜，高度调整后，紧锁固定手轮。

④ 中封机构：中封机构主要由拉纸、加热块、压合轮、开合手柄、压合轮调节手轮等组成，当薄膜经过拉纸轮、加热块、压合轮时，如果在拉纸轮和压合轮之间有积纸或拉纸现象，应通过“压合轮速调节手轮”调整。

⑤ 端封机构

a. 端封刀座及切刀的调整

刀座在出厂前已经认真调整并严格检验，正常情况下无需调整。切刀的调整采用垫铜片的方法。

b. 端封刀架高低位置的调整

对于不同高度的包装物，应调整端封刀架高低，使端封刀啮合中心与被包产品中心的高度一致。调整方法是先松开刀架侧板的四个螺丝，然后调节端封升降调节螺栓，使上下端封刀啮合处距工作平面为 1/2 包装物高度，调节完毕，务必紧固松开的四个螺丝后方可开机。

c. 端封刀裁纸位置的调整。

d. 对不同长度的包装，端封刀速度应做相应调整，调整原则是端封刀的线速度应与包装膜的速度相同，即切刀切纸时，又不积纸又不拉纸为宜。

e. 端封刀材质位置的调整。

2. 机器运行

① 安全检查：检查确认输送带上、工作台上、端封刀上等无杂物，且没有其他人在操作机器。

② 开启电源：打开电控箱门锁、合上断路器、关上箱门，观察控制面板上温控器显示是否正常，电源信号灯是否正常显示，人机界面是否正常显示。并在人机界面上设定袋长、包装速度、温度等参数。

③ 将包膜安装在辊筒上，调整色标电眼位置，使电眼发出的光束对准

色标经过的地方。

④ 运行：按下启动（绿色）按钮，机器将以设定的速度连续运动，直至停机（红色）或急停（蘑菇头）按钮被按动为止。按下“电动（黑色）”按钮，机器在按压期间，会以 30 包/min 的速度运转，当释放按钮时，机器立即停止。

⑤ 停机：正常停机，点按停机（红色）按钮，机器将于端封刀水平位置停机。紧急停机，按压急停（蘑菇头）按钮，机器将于瞬间停止，欲再启动机器，须先使按钮复位。

八、注意事项

同第二章，实验一。

九、实验报告要求

同第二章，实验一。

实验三

金属罐（二片与三片罐）封口结构工艺实验

金属罐的“公转”与“自转”

地球公转一次是一年；地球自转一次是一天。地球的公转与自转想必大家从小就知道。其实，公转与自转在现实生活中也是很常见的。就比如，最常见的金属罐头，大家有没有想过，它们是怎么被生产出来的呢？这也运用到了公转与自转呢！在金属罐（图 3-5）生产中，有部分齿轮是绕着罐头转动，而罐头自身也有旋转，这就类似于地球的自转与公转。

图 3-5　金属罐

一、实验类型

该实验的类型为综合验证性实验。

二、实验目的与任务

1. 熟悉金属罐（二片与三片罐）封口工艺。

2. 熟悉金属罐的封口结构工艺原理及使用方法。

3. 掌握封口结构的测试方法，学习收集实验数据及进行数据处理。

4. 了解和分析实验误差。

三、预习要求

1. 了解金属罐（二片与三片灌）封口相关知识。

2. 查资料，了解影响金属罐（二片与三片灌）封口的因素有哪些。

3. 完成预习报告：实验名称、内容与目的，实验原理与仪器结构，实验方案与试样要求，应记录的实验原始数据名称，实验数据处理的方法，可能出现的试验误差分析（见附录 1）。

四、实验基本原理

金属罐（二片与三片罐）卷边封口机（见图 3-6）工艺原理：金属罐的密封是指罐身的翻边和罐盖的圆边在封口机中进行卷封，使罐身和罐盖相互卷合，压紧而形成紧密重叠的卷边的过程。所形成的卷边称为二重卷边。二重卷边封口的基本原理是卷封滚轮相对罐的旋转过程中，在罐身（或罐体）与罐盖结合部施加一定的压力，而使其相互卷曲、钩合与压紧。

五、实验仪器与材料

实验仪器：金属罐（二片罐与三片罐）封口机。

实验材料：金属罐二片罐与三片罐。

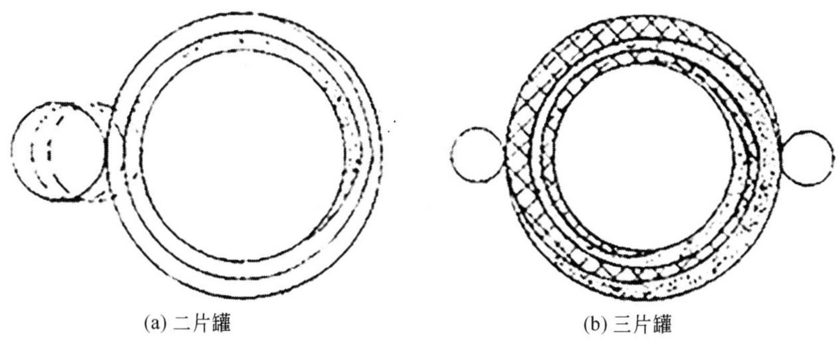

(a) 二片罐　　(b) 三片罐

图 3-6　封口机示意图

六、实验内容

学会操作金属罐（二片与三片罐）封口机、使用色彩色差计测试印刷品的色差。

七、实验步骤

1. 演示金属罐（二片与三片罐）卷边封口机操作步骤

① 收集二片与三片罐。

② 切割二片与三片罐。

③ 观察二片与三片罐封口形式：二重卷边封口。

④ 测量二重卷边法形状与尺寸。

2. 数据处理

根据操作步骤 1，中得到的结果，进行处理分析。

八、思考题

分析二片与三片罐封口形式：二重卷边法对易拉罐质量有什么影响？

九、注意事项

同第二章，实验一。

十、实验报告要求

同第二章，实验一。

实验四

液体灌装实验（虹吸）

虹吸泉

肯尼亚北部地区是一望无际的沙漠，这里有着非洲著名的图尔卡那湖，又名碧玉湖。当人们来到湖畔，只见碧波荡漾，清澈照人，可是不大一会儿工夫，辽阔的水面就消失得无影无踪了，成为一片茫茫的沙漠。这个时隐时现的湖泊被人称为“鬼湖”，见图 3-7。

为什么会出现“鬼湖”呢？经过科学家们的反复考察、实验，推测“鬼湖”是类似虹吸泉的现象引起的。在“鬼湖”附近，应该有一个比“鬼湖”地势高的底下空洞，储藏着从别处流来的水，还有一个类似软管的地下通道，将“鬼湖”和地下空洞连接起来，当洞内的积水积到能淹没通道最高位时，水就将通道内的空气挤压掉，从空洞里流了出来，便出现“鬼湖”，但又因为“鬼湖”处于沙漠之上，即使水再多也会不消多大功夫就流到沙层下面了，就算水一时没流掉，由于沙漠上狂风乍起，风沙弥漫，不大一会儿，就会被流沙所覆盖，变成一片茫茫的沙海。

图 3-7 鬼湖

一、实验目的

了解液体灌装的几种方法及其异同点。认知典型的液体灌装技术与方法，了解它们的特点与应用，并进一步巩固其知识及相互之间的区别。掌握常压灌装、真空灌装、等压灌装、压力灌装和虹吸灌装的不同原理，知道跨越障碍物进行灌装的灌装技术与方法——虹吸灌装实验。

二、实验原理

利用虹吸原理实现液体的罐装。虹吸是利用液面高度差的作用，将液体充满一根倒U形的管状结构内后，将开口高的一端置于装满液体的容器中，容器内的液体会持续通过虹吸管向更低的位置流出。

三、实验仪器及材料

1. 低黏度流体灌装机。
2. 流体（水或相关液体）。
3. 容器两件（贮料罐——桶；包装容器——杯或瓶）。
4. 软管。
5. 吸力器。

四、实验方法

利用液料在贮料罐与包装容器中受力条件的不同，通过流通管道将贮料罐中液料灌装到包装容器中（见图3-8）。寻找灌装的条件、初始力、液位差、充填管出口位置与包装容器液面及贮料罐液位之间的关系。

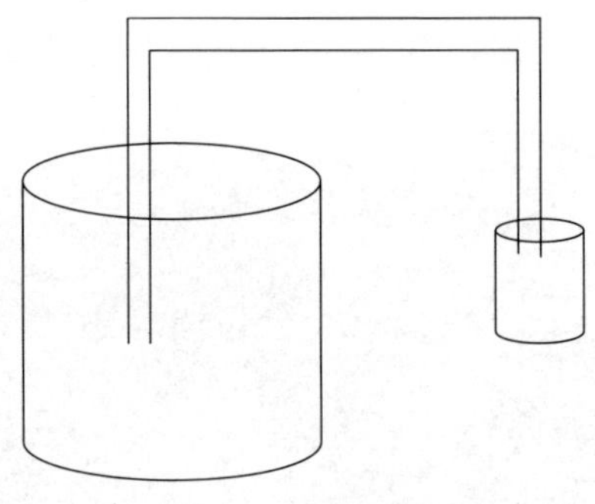

图3-8　液体灌装简图

五、实验步骤

1. 设备及实验材料准备。
2. 设备布置：贮料罐（箱）1只、包装容器1只、软管1根、液体足够量、吸气筒，把软管置于贮料罐和包装容器中（头与尾分别放入贮料罐和包装容器内）。

3. 把液体（水）导入贮料罐中，再把软管一端放入贮料箱液体中，另一端置于包装容器中。

4. 充填吸料，将软管内充满液体，并用吸力器对准容器端的软管口进行吸气，使管内流体向外流出。

5. 将软管流出的流体充填到包装容器中，同时记录流体充满包装容器所需的时间。

6. 实验与记录

(1) 实验　把有流动流体的软管导入包装容器中，看流体充入包装容器的过程。分别改变管口高度和两容器的位置高度，观察改变高度后流体流出情况。

(2) 记录　分别记录充满一瓶流体的时间（不同高度的充填时间）；

分别记录软管出流口高度；

分别记录两容器不同高度及流动时间。

流速公式：

$$v=\frac{V}{SLt}$$

式中　v——管道的流速，m/s；

V——液体体积，m^3；

t——液体流过时间，s；

S——管道面积，m^2；

L——液体流过的距离，m。

流量公式：

$$Q=S\times v\times 60$$

式中　Q——流量，m^3/h；

S——管道的截面积，m^2；

v——流速，m/s。

六、实验报告

(1) 画出实验简图。

(2) 计算流量和流速。

(3) 分析高度变换后的流动现象。

第四章 包装机械与设备

实验一

容积式充填计量包装机实验

瓜子的包装

容积式充填计量包装机在生活中有很多相似的例子，比如街上老奶奶卖瓜子就是用固定体积的容器来称量瓜子的；从原理上看，容积式充填计量包装机是一种机、电、气相结合的自动化程度较高的机构和设备，虽然精确度并非十分准确，但操作简单方便，广泛应用于颗粒、粉状物、膏状物等流动性好的物品的计量和包装，是当前最常使用的包装方法。

瓜子包装见图 4-1。

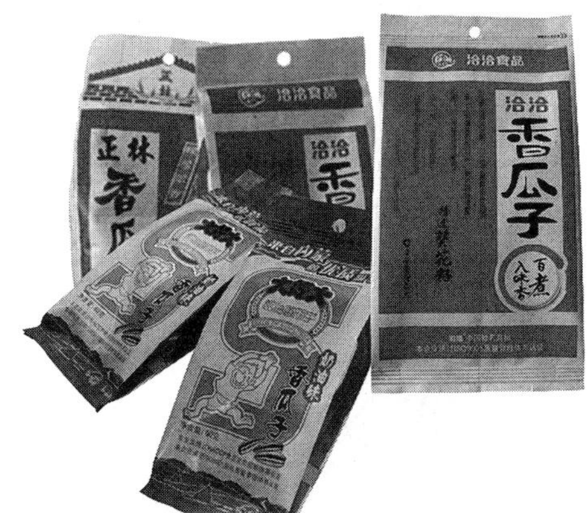

图 4-1　瓜子包装

一、实验类型

该实验的类型为综合性实验。

二、实验目的与任务

1. 了解和分析容积式充填计量包装机与其它机械的区别。

2. 学会使用和调试充填计量包装机。

三、预习要求

1. 查资料，了解和分析容积式充填计量包装机与其它充填计量机械有什么不同。

2. 完成预习报告：实验名称、内容与目的，实验原理与仪器结构，实验方案与要求。

四、实验基本原理

常用的容积式充填计量包装机工作原理：容积式充填计量包装机是指将物料按预定的容量充填至包装容器内的充填机。量杯式充填机是采用定量的量杯量取物料，并将其充填到包装容器内的机器，适用于颗粒较小且均匀的物料。

五、实验仪器与材料

容积式充填计量包装机（图 4-2）、包装物料（大米）。

图 4-2　容积式充填计量包装机

六、实验内容

1. 学会分辨容积式充填计量包装机组成部分。
2. 学会分析充填计量容积过程。
3. 学会使用充填计量包装机。

七、实验步骤

1. 分析原理。
2. 接通电源。
3. 开动机器。
4. 观察充填计量包装机工作过程。
5. 调节充填计量容积。

八、思考题与试验作业

（1）充填计量容积性能对充填计量精度有何影响？

（2）画出充填计量包装机工作过程图？

（3）充填计量包装机主要部件有哪些？

实验二

环带式塑料包装封口机原理实验

包装封口一体化的实现——封口机

在生产生活中，环带式塑料包装封口机应用及其广泛，包装物品前要先用它进行制袋，包装后要用它进行封口，广泛应用于食品、药品、日用化工等行业的包装封口，见图 4-3。它是一种可以实现速度、温度、压力一体化的仪器，主要通过先对薄膜进行加热，然后通过导带进行带动、提供速度，最后通过压花轮提供压力完成热封，再通过冷却体即可完成整个步骤，单机使用效果好，在各种包装生产线中配套使用效果也比较理想，无论是平常小规模使用还是大规模生产，都能满足生产需求。

图 4-3　环带式封口示意

一、实验类型

该实验的类型为验证性实验。

二、实验目的与任务

1. 学会区分电热式和电脉冲塑料包装封口机原理。

2. 学会分析环带式塑料包装封口机的工作过程。

三、预习要求

1. 查资料，了解电热式和电脉冲塑料包装封口机。

2. 完成预习报告：实验名称、内容与目的，实验原理与仪器结构，实验方案与要求。

四、实验基本原理

环带式塑料包装封口机工作原理：当装有物品的包装袋放置在输送带上，带的封口部分被自动送入运转中的两根封口带并带入加热区，加热块的热量通过封口带输送到带的封口部分，使薄膜受热熔软，再通过冷却区，使薄膜表面温度适当下降，然后经过滚花轮滚压，使封口部分上下薄膜黏合并压制出网状花纹（或印制生产日期），再由导向橡胶带将封好的包装袋送出机外，完成封口作业。

五、实验仪器与材料

环带式塑料包装封口机（图 4-4）、塑料薄膜。

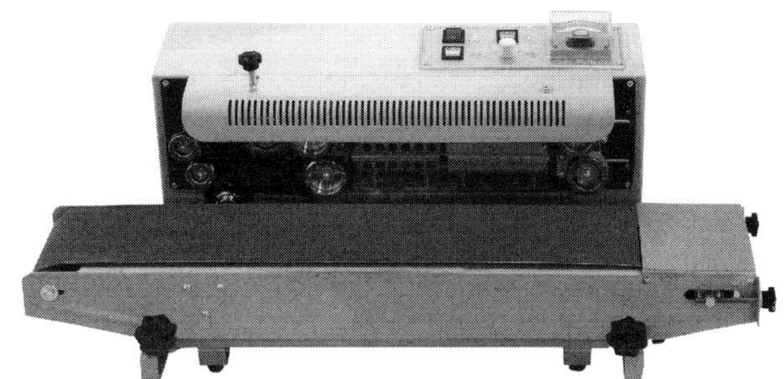

图 4-4　环带式塑料包装封口机

六、实验内容

1. 学会分辨不同塑料包装正反面。

2. 学会区分电热式和电脉冲塑料包装封口。

3. 学会对输送、加热、加压观察和操作。

七、实验步骤

1. 分析原理。
2. 接通电源。
3. 开动机器。
4. 观察环带式塑料包装封口机、塑料薄膜。
5. 调节输送、加热、加压机械部件。

八、思考题与试验作业

（1）哪些机构对封口性能有影响？

（2）画出环带式塑料包装封口机工作过程图。

（3）环带式塑料包装封口机主要部件有哪些？

（4）包装材料的正反两面对封口性能有什么影响？

九、注意事项

反复耐心观察，用手多摸、用眼多观察。

实验三

计数式充填包装机实验

排队上车与螺钉的“被动”自动化

每个人都应该有过图 4-5 中排队/拥挤上车的经历。如果上车的人分成相同两组，分别按照以上两种方式上车做个试验，哪一组用的时间更少？答案应该是有序排队上车的一组。

图 4-5　排队/拥挤上车

这与“计数式充填包装机实验”有什么关系？如果需要给一大堆螺钉（如图 4-6 所示）进行包装（塑料袋），并且每包数量相同，如何采用机器进行自动化包装？排队上车的人是有思想的，可以教导进行有序的排列。而螺钉是没有“思想”的产品，无法让其自发地进行排列。带着这些问题去探究计数式充填包装机是如何完成螺钉的自动化包装？

图 4-6　螺钉

一、实验类型

该实验的类型为综合性实验。

二、实验目的与任务

1. 了解和分析计数式充填包装机的工作原理。

2. 学会使用和调试计数式充填包装机。

三、预习要求

1. 查阅资料，了解计数式充填包装机的种类、机构组成、工作原理及其应用。

2. 完成预习报告：实验名称、内容与目的，实验原理与仪器结构，实验方案与要求。

四、实验基本原理

计数充填机是将产品按预定数目充填到包装容器内的机器。计数检测系统有光学计数系统和非光学检测系统两种。本实验所用的设备是单件计数装置，采用光学计数系统。

五、实验仪器与材料

1. 实验仪器：螺钉计数式充填包装机，如图 4-7 所示。

图 4-7　螺钉计数充填包装机

2. 实验材料：螺钉。

六、实验内容

1. 掌握计数式充填包装机的组成部分和关键部件。

2. 分析计数式充填包装机的工艺过程。

3. 掌握计数式充填包装机的工作原理。

七、实验步骤

1. 分析原理。
2. 接通电源。
3. 打开空气压缩机，启动包装机。
4. 观察计数式充填包装机工作过程。

八、思考题与实验作业

1. 计数式充填包装机的关键执行机构有哪些?
2. 画出计数式充填包装机的工作简图。
3. 螺钉是如何完成有序排列的?
4. 该计数式充填包装机的计数检测系统是哪一类别?

实验四

热成型-充填-封口包装机

吹泡泡糖

如何吹泡泡糖（见图 4-8）：①把泡泡糖嚼软；②用舌头把泡泡糖顶成片，不能太薄；③泡泡糖的中间部分被顶出嘴，泡泡糖片的边缘还在嘴里，泡泡糖片吹成了一个兜的形状。

这与“热成型-充填-封口包装机”有什么关系？胶囊/药片的泡罩包装如图 4-9 所示，其中带“坑”塑料片的成型与吹泡泡糖的过程有相似之处，是将平整的塑料片材先加热软化，再利用模具抽真空或者压制成型。但是具体是如何在机器上实现的，以及如何完成药品的充填和封口？带着这些问题去解密热成型-充填-封口包装机的工作原理。

图 4-8　吹泡泡糖

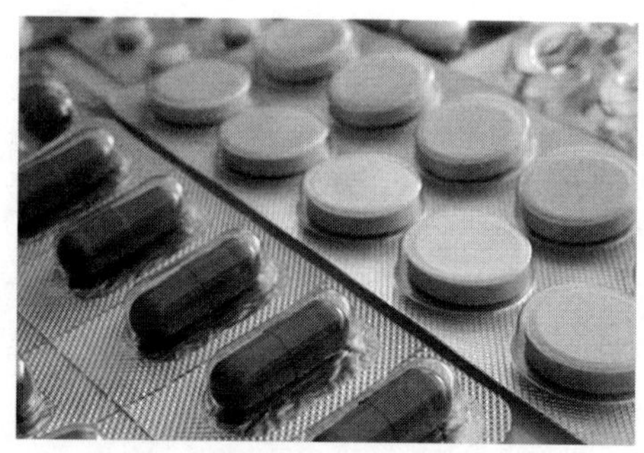

图 4-9　胶囊/药片的泡罩包装

一、实验类型

该实验的类型为综合性实验。

二、实验目的与任务

1. 了解和分析热成型-充填-封口包装机的工作原理。

2. 学会使用和调试热成型-充填-封口包装机。

三、预习要求

1. 查阅资料，了解热成型-充填-封口包装机的种类、机构组成、工作原理及其应用。

2. 完成预习报告：实验名称、内容与目的，实验原理与仪器结构，实验方案与要求。

四、实验基本原理

热成型-充填-封口包装机的工作原理：在加热条件下对热塑性片状包装材料进行成型加工，形成包装容器，然后充填物料，用薄膜完成容器的封口。

五、实验仪器与材料

1. 实验仪器：热成型-充填-封口包装机（图 4-10）。

图 4-10　热成型-充填-封口包装机

2. 实验材料：药品胶囊。

六、实验内容

1. 掌握热成型-充填-封口包装机的组成部分和关键部件。

2. 分析热成型-充填-封口包装机的工艺过程。

3. 掌握热成型-充填-封口包装机的工作原理。

七、实验步骤

1. 分析原理。
2. 接通电源。
3. 启动包装机。
4. 观察热成型-充填-封口包装机工作过程。

八、思考题与实验作业

1. 热成型-充填-封口包装机的关键执行机构有哪些?
2. 画出热成型-充填-封口包装机的工作简图。
3. 该热成型-充填-封口包装机的热成型装置的工作原理?
4. 找出该包装机中两两相似的机构?

实验五

塑料打包带捆扎包装机

如何捆扎

秋天到了，吃螃蟹的人越来越多。但是，很多朋友不知道怎样捆螃蟹（见图 4-11）更牢固，大部分人都是快速随意捆一下蟹脚，这就造成买回了 10 只螃蟹，等做饭时却只剩 9 只，有 1 只因为没捆扎好趁机溜走了。所以捆扎螃蟹也是需要技巧的，要想把螃蟹捆扎牢，也得费番力气和时间呢！

这与"塑料打包带捆扎包装机实验"有什么关系？为了使纸箱在物流过程中更加牢固，纸箱包装除了封箱胶带外，外部往往会有捆扎带，如图 4-12 所示。该捆扎带是如何实现的？人工？机器？答案是通过人工和机器都可以实现。相比人工操作，机器更容易实现高效、标准化操作，符合工业生产的需求。但机器是如何完成操作的？带着这些问题去探究塑料打包带捆扎包装机是如何完成纸箱的自动化捆扎？

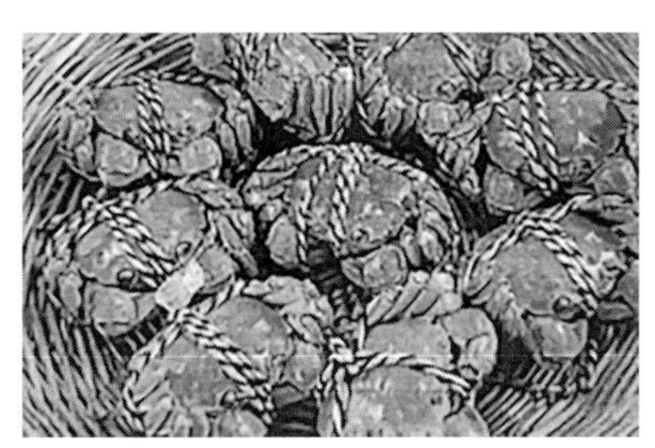

图 4-11 捆扎螃蟹

图 4-12 经打包带捆扎的纸箱

一、实验类型

该实验的类型为综合性实验。

二、实验目的与任务

1. 了解和分析塑料打包带捆扎包装机的工作原理。

2. 学会使用和调试塑料打包带捆扎包装机。

三、预习要求

1. 查阅资料，了解塑料打包带捆扎包装机的种类、机构组成、工作原理及其应用。

2. 完成预习报告：实验名称、内容与目的，实验原理与仪器结构，实验方案与要求。

四、实验基本原理

塑料打包带捆扎包装机的工作原理：使用捆扎带或绳捆扎产品或包装件，然后收紧并将捆扎带两端通过热熔融或使用包扣等材料连接起来。自动捆扎工艺过程一般由送带、收紧、切烫、粘接四个环节组成。

五、实验仪器与材料

1. 实验仪器：塑料打包带捆扎包装机（图 4-13）。

图 4-13　捆扎包装机

2. 实验材料：聚丙烯（PP）打包带。

六、实验内容

1. 掌握塑料打包带捆扎包装机的组成部分和关键部件。

2. 分析塑料打包带捆扎包装机的工艺过程。

3. 掌握塑料打包带捆扎包装机的工作原理。

七、实验步骤

1. 分析原理。
2. 接通电源。
3. 启动包装机。
4. 观察塑料打包带捆扎包装机工作过程。

八、思考题与实验作业

1. 塑料打包带捆扎包装机的关键执行机构有哪些?
2. 画出塑料打包带捆扎包装机的工作简图。
3. 打包带如何连接?
4. 在自动化包装生产线中，如何完成“井”字型捆扎?

实验六

塑料薄膜成型机工作原理

“大米变米棍” 的启发

米棍大都是现做现卖，吃过米棍的人往往在现场能看到：将大米加到机器的料斗中，从机器的另一端出来米棍，如图 4-14 所示。

图 4-14　米棍的制作

这与“塑料薄膜成型机工作原理实验”有什么关系？塑料薄膜的原材料也是类似大米一样的树脂母粒，如图 4-15 所示，塑料薄膜是树脂母粒经过薄膜成型机加工得到的。那是如何实现的？薄膜的厚度如何控制？带着这些问题去探究塑料薄膜成型机的工作原理。

图 4-15　塑料树脂母粒

一、实验类型

该实验的类型为综合性实验。

二、实验目的与任务

1. 了解和分析塑料薄膜成型机的工作原理。

2. 学会使用和调试塑料薄膜成型机。

三、预习要求

1. 查阅资料了解塑料薄膜成型机的种类、结构组成、工作原理及其应用。

2. 完成预习报告：实验名称、内容与目的，实验原理与仪器结构，实验方案与要求。

四、实验基本原理

1. 塑料薄膜挤出吹塑机组工作原理：将树脂加入挤出机，使其熔融，通过环状孔制成一个端部封闭的薄壁圆坯，再通入压缩空气，使之吹胀到所需厚度与宽度。

2. 塑料薄膜挤出流延机组工作原理：原料进入挤出机的机筒后，在转动螺杆的搅拌、挤压和机筒加热温度等多种条件作用下，被塑化熔融；然后被螺杆推入成型模具，熔料在模具内逐渐被分流，经缓冲槽均匀从模具口挤出，薄片状熔料流延至平稳转动的辊筒上，刀形喷气口把压缩空气吹向膜面，使膜紧贴在辊面上，被冷却辊筒降温定型、剥离、收卷，最后完成薄膜的挤出流延过程。

五、实验仪器与材料

1. 实验仪器：挤出吹塑机组、挤出流延机组，见图 4-16。

2. 实验材料：树脂（聚乙烯、聚丙烯等）。

六、实验内容

1. 掌握塑料薄膜成型机的组成部分和关键部件。

2. 分析塑料薄膜成型机的工艺过程。

3. 掌握塑料薄膜成型机的工作原理。

七、实验步骤

1. 分析原理。

2. 接通电源。

3. 启动包装机。

图 4-16 塑料薄膜成型机组

4. 观察塑料薄膜成型机工作过程。

八、思考题与实验作业

1. 塑料薄膜成型机（从造粒到成膜）的关键执行机构有哪些？
2. 画出薄膜成型机的工作简图。
3. 造粒机组和制膜机组的熔融挤出机构有什么区别？
4. 如何控制薄膜的厚度？

实验七

气调包装机不同实现原理模拟仿真与实际分析

气体环境的平衡

空调（图 4-17）目前已进入千家万户，它可以对室内的温度、湿度、洁净度和空气流动速度等进行调节与控制，并提供足够量的新鲜空气。当室内得到热量或失去热量时，就从室内取出热量或向室内补充热量，使进出房间的热量相等，即达到热平衡，从而使室内保持一定的温度；或使进出房间的湿量平衡，以使室内保持一定的湿度；或从室内排出污染空气，同时补入等量的室外清洁空气（经过处理或不经处理的），即达到空气平衡。

这与“气调包装机”有什么关系？气调包装机与空调有一些相似之处，都是使某一空间内气体环境达到一定的要求。气调包装机是向包装（塑料袋或盒）中按一定配比充入混合气体（氮气、氧气、二氧化碳）的机器，使包装内达到预定的气体比例，对被包装的食品进行有效保鲜、保护（见图 4-18）。但是如何在塑料袋或盒与大气接触的环境中，使包装内达到预定的气体比例？抽真空后充入预定气体？是否还有其他方法？带着这些问题，通过模拟仿真视频以及实际操作去探究气调包装机的工作原理？

图 4-17 空调

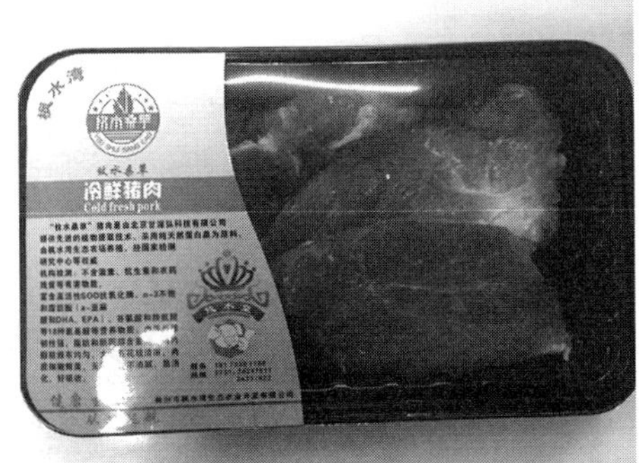

图 4-18 冷鲜猪肉的塑料盒气调包装

一、实验类型

该实验的类型为演示型实验。

二、实验目的与任务

1. 了解和分析气调包装机气体调节的不同实现原理。

2. 学会使用和调试气调包装机。

三、预习要求

1. 查阅资料，了解气调包装机的种类、结构组成、工作原理及其应用。

2. 完成预习报告：实验名称、内容与目的，实验原理与仪器结构，实验方案与要求。

四、实验基本原理

气调包装是采用复合保鲜气体（2～4 种气体按食品特性配比混合），对包装盒/袋内的空气进行置换，从而改变盒/袋内食品的外部环境。气调包装机实现气体调节的原理主要有两种：置换式和冲洗式。

五、实验仪器与材料

1. 实验仪器：气调包装机，见图 4-19。

2. 实验材料：演示视频、气体。

图 4-19　气调包装机

六、实验内容

1. 掌握气调包装机的组成部分和关键部件。
2. 分析气调包装机的工艺过程。
3. 掌握气调包装机的工作原理。

七、实验步骤

1. 分析原理。
2. 接通电源。
3. 启动包装机。
4. 观察气调包装机工作过程。

八、思考题与实验作业

1. 气调包装机的关键执行机构有哪些?
2. 画出气调包装机的工作简图。
3. 实验中的气调包装机是采用哪一种方式实现气体调节的?

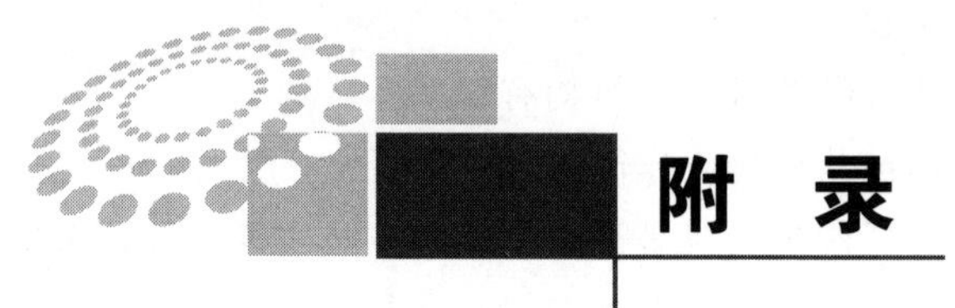

附录

附录 1

实验预习报告

姓名：______________ 班级：______________ 课程名称：______________

实验名称：____

一、实验内容与目的

二、实验原理与仪器结构

三、实验方案

四、试样要求

五、设计需记录的原始数据表格

六、数据处理方法

七、可能出现的误差分析

附录 2

实验报告

姓名：________班级：________课程名称：________________________________

同组人姓名：________实验时间：________

实验名称；____

一、实验仪器、型号

二、试样尺寸、环境温湿度、试验条件

三、实验数据记录

实验序号	原始数据			平均值
平均值				

四、数据处理（一般精确至0.01mm）

五、分析产生误差的原因

六、实验结论以及思考题

七、实验报告要求

1. 书写用纸为整理实验报告纸，每个实验一份实验报告。

2. 实验报告的书写在文字方面有较严格的要求，应该做到：叙述简明扼要，文字通顺，条理清楚，字迹工整、图表清晰。

3. 实验报告格式要求有：实验名称与目的，实验人姓名等相关信息与实验时间，实验设备名称、型号与实验条件，实验原始数据记录，实验数据处理与结果，实验误差分析。

4. 对实验中出现的问题加以分析，提出自己的看法与建议，回答思考题。

参考文献

REFERENCES

[1] 岳远. 气调包装设备为食品安全保驾护航 [J]. 绿色包装，2018(08)：90-91.

[2] 郭风，徐丽美，李丽. 对六种塑料薄膜抗冲击性能的探讨 [J]. 塑料工业，2017，45(09)：92-95.

[3] 赵吉成，田学礼. 塑料包装封口机的设计及开发 [J]. 塑料工业，2017，45(01)：61-63+ 104.

[4] 刘耀邦，程章. 液体罐装车罐体结构稳定性研究 [J]. 赤峰学院学报(自然科学版)，2017，33(01)：24-26.

[5] 吴玉，罗佑新，郭添鹏，张嘉文，陈玮任. 枕式包装在快递打包领域应用的研究 [J]. 科技展望，2016，26(30)：116+ 118.

[6] 潘家杰. 瓦楞纸箱印刷色差之研究 [J]. 中国包装，2016，36(07)：75-77.

[7] 刘胜贵，谢雁. 影响印刷品色差的几个主要因素 [J]. 今日印刷，2016(05)：63-66.

[8] 雷立雨. 盒式连续气调包装机的研究设计 [D]. 中国农业机械化科学研究院，2016.

[9] 郭文渊. 食品包装用金属罐的发展 [J]. 上海包装，2016(04)：32-35.

[10] 范珺. 包装材料耐冲击性能验证和提升要点 [J]. 中国包装，2015，35(11)：55-57.

[11] 郭素梅，赵鹏程. 瓦楞纸箱及组成原料物理性能检测——箱纸板篇 [J]. 上海包装，2015(10)：61-63.

[12] 苏红波. 瓦楞纸箱及组成原料物理性能检测——瓦楞纸箱、纸板篇 [J]. 上海包装，2015(06)：53-55.

[13] 翟骏. 纸和纸板的弯曲挺度测试简介 [J]. 上海包装，2014(08)：57-58.

[14] 蝴蝶结造型的啤酒包装 [J]. 印刷技术，2014(04)：65.

[15] 张向宁. 液态奶复合纸包装材料结构力学性能分析 [J]. 内蒙古工业大学学报(自然科学版)，2013，32(04)：301-307.

[16] 杨智能，张龙，李志刚. 塑料薄膜热收缩率测试方法 [J]. 机械，2012，39(08)：70-73.

[17] 液体罐装机 [J]. 轻工机械，2010，28(02)：114.

[18] 颜钰. 果品保鲜包装用塑料薄膜的阻隔性能研究 [D]. 西安理工大学，2010.

[19] 王英佩. 不同矿物填料对 LDPE 包装膜透气透湿性能影响的研究 [D]. 天津科技大学，2010.

[20] 我国 PE 捆扎带塑料包装行业的现状 [J]. 塑料科技，2009，37(06)：46.

[21] 刘冰. 我国糖果包装现状与发展 [J]. 湖南包装，2009(01)：10-12.

[22] 邵素英. 纸和纸板的抗弯挺度 [J]. 西南造纸，2001(05)：17-18.

[23] 陈倩. 塑料薄膜和片材厚度测量——机械测量法试验方法分析 [J]. 中国塑料，2001(01)：64-68.

[24] 吕争青，卜乐宏. 塑料片材拉伸性能和试验方法的研究 [J]. 上海第二工业大学学报，1999(02)：15-24.

[25] 庄敏雅. 瓦楞纸箱及纸板物理性能测试技术 [J]. 厦门科技，1996(05)：15.

[26] 劳嘉葆. 瓦楞纸和平层纸板对瓦楞纸板环压强度的影响 [J]. 北方造纸，1994(04)：37.

[27] 李洪源，蔡根宝. 喷绘・印刷 [J]. 出版与印刷，1991(01)：49-51.

[28] 孙诚. 塑料薄膜测试方法的标准化 [J]. 包装工程，1991(01)：13.

[29] 朱政明. 捆扎机械技术的发展和预测 [J]. 包装与食品机械，1990(01)：36-42.

[30] 塑料薄膜透光性检测仪 [J]. 包装与食品机械，1988(01)：20.

[31] 塑料薄膜和片材的耐撕裂性 [J]. 塑料，1973(03)：75-77.